AF721161

BERATEN IN DER ARBEITSWELT

Herausgegeben von
Stefan Busse, Heidi Möller, Silja Kotte und Olaf Geramanis

Olaf Geramanis

Vertrauen und Vertrautheit in Organisationen

Beziehung gestalten zwischen Stabilität und Wagnis

VANDENHOECK & RUPRECHT

Bibliografische Information der Deutschen Nationalbibliothek:
Die Deutsche Nationalbibliothek verzeichnet diese Publikation in der Deutschen Nationalbibliografie; detaillierte bibliografische Daten sind im Internet über https://dnb.de abrufbar.

© 2024 Vandenhoeck & Ruprecht, Robert-Bosch-Breite 10, D-37079 Göttingen, ein Imprint der Brill-Gruppe
(Koninklijke Brill NV, Leiden, Niederlande; Brill USA Inc., Boston MA, USA; Brill Asia Pte Ltd, Singapore; Brill Deutschland GmbH, Paderborn, Deutschland; Brill Österreich GmbH, Wien, Österreich)
Koninklijke Brill NV umfasst die Imprints Brill, Brill Nijhoff, Brill Schöningh, Brill Fink, Brill mentis, Brill Wageningen Academic, Vandenhoeck & Ruprecht, Böhlau und V&R unipress.

Alle Rechte vorbehalten. Das Werk und seine Teile sind urheberrechtlich geschützt. Jede Verwertung in anderen als den gesetzlich zugelassenen Fällen bedarf der vorherigen schriftlichen Einwilligung des Verlages.

Umschlagabbildung: 1508823266/Shutterstock.com

Satz: SchwabScantechnik, Göttingen
Druck und Bindung: CPI books GmbH, Leck
info@v-r.de

Vandenhoeck & Ruprecht Verlage | www.vandenhoeck-ruprecht-verlage.com

ISSN 2625-6061
ISBN 978-3-525-40041-8

Inhalt

Zu dieser Buchreihe

Die Reihe wendet sich an erfahrene Berater:innen, die Lust haben, scheinbar vertraute Positionen neu zu entdecken, neue Positionen kennenzulernen und die auch angeregt werden wollen, eigene zu beziehen. Wir denken aber auch an Kolleginnen und Kollegen in der Aus- und Weiterbildung, die neben dem Bedürfnis, sich Beratungsexpertise anzueignen, verfolgen wollen, was in der Community praktisch, theoretisch und diskursiv en vogue ist. Als weitere Zielgruppe haben wir mit dieser Reihe Beratungsforscher:innen, die den Dialog mit einer theoretisch aufgeklärten Praxis und einer praxisaffinen Theorie verfolgen und mit gestalten wollen, im Blick.

Theoretische wie konzeptuelle Basics als auch aktuelle Trends werden pointiert, kompakt, aber auch kritisch und kontrovers dargestellt und besprochen. Komprimierende Darstellungen »verstreuten« Wissens als auch theoretische wie konzeptuelle Weiterentwicklungen von Beratungsansätzen sollen hier Platz haben. Die Bände wollen auf je rund 90 Seiten den Leser:innen, die Option eröffnen, sich mit den Themen intensiver vertraut zu machen als dies bei der Lektüre kleinerer Formate wie Zeitschriftenaufsätzen oder Hand- oder Lehrbuchartikeln möglich ist.

Die Autorinnen und Autoren der Reihe werden Themen bearbeiten, die sie aktuell selbst beschäftigen und umtreiben, die aber auch in der Beratungscommunity Virulenz haben und Aufmerksamkeit finden. So werden die Texte nicht einfach abgehangenes Beratungswissen nochmals offerieren und aufbereiten, sondern sich an den vordersten Linien aktueller und brisanter Themen und Fragestellungen von Beratung in der Arbeitswelt bewegen. Der gemeinsame Fokus liegt dabei auf einer handwerklich fundierten, theoretisch verankerten und gesellschaftlich verantwortlichen Beratung. Die Reihe versteht sich dabei als methoden- und Schulen übergreifend, in der nicht einzelne Positionen prämiert werden, sondern zu einem transdisziplinären und interprofessionellen Dialog in der Beratungsszene anregt wird.

Wir laden Sie als Leser:innen dazu ein, sich von der Themenauswahl und der kompakten Qualität der Texte für Ihren Arbeitsalltag in den Feldern Supervision, Coaching und Organisationsberatung inspirieren zu lassen.

Stefan Busse, Heidi Möller, Silja Kotte und Olaf Geramanis

Einleitung

> »Vieles hätte ich verstanden, wenn man es mir nicht erklärt hätte.« (Lec 1957, S. 47)

In den alltäglichen Vorstellungen hat Vertrauen viele Facetten, äußerst bekannt ist der Lenin zugeschriebene Satz: »Vertrauen ist gut – Kontrolle ist besser.« Ebenso gilt, dass man sich Vertrauen erarbeiten oder verdienen muss, zugleich kann es einem von anderen Menschen geschenkt oder geliehen werden. Vertrauen kann man wieder verlieren, es kann verspielt oder einem entzogen werden. Man kann sich des Vertrauens würdig oder auch unwürdig erweisen. Man kann sich dazu entschließen, jemandem zu vertrauen oder man kann sich einander sehr vertraut fühlen. Und bei all dem gilt es zu beachten, dass Vertrauen eine riskante Entscheidung ist, bei der immer etwas auf dem Spiel steht, das verloren gehen kann.

Es ist kein leichtes Unterfangen, zu einem so komplexen und zugleich vertrauten Thema wie Vertrauen etwas sagen zu wollen. Vertrauen ist nicht mehr und nicht weniger als der Grund und Ursprung unseres Zusammenlebens: Zusammenarbeit, Beziehung, Partnerschaft, Freundschaft, Liebe – all das wäre ohne Vertrauen undenkbar. Wenn kooperatives Handeln so offensichtlich Vorteile bringt, wäre es doch widersinnig, nicht zu kooperieren. Und weil das so einleuchtend scheint, ist die Suche nach Vertrauen eher von dem Glauben geleitet, dass Menschen wirklich einander vertrauen *wollen,* als analytisch nach dem Für und Wider zu suchen.

Zu Beginn möchte ich zwei Begebenheiten schildern, die für mich den Zugang zum Thema Vertrauen beschreiben: Meine erste wissenschaftliche Begegnung mit Vertrauen hatte ich im Studium 1992, als wir James Coleman gelesen haben. Für ihn ist Vertrauen eine rationale Strategie: Ich gehe das Risiko, meinem Gegenüber zu vertrauen, dann ein, wenn ich dessen Interessen richtig einzuschätzen weiß. Die Formel, die Coleman dazu entwickelt, lautet: *Vertrauen wird dann gegeben, wenn das Verhältnis zwischen der Wahrscheinlichkeit der Vertrauenswürdigkeit und -unwürdigkeit größer ist als der Quotient aus zu erwartendem Verlust und zu erwartendem Gewinn* (vgl. Coleman 1991, S. 126). Meine Haltung zu dieser Formel war »ambivalent«. Nachdem ich die Formel »decodiert« hatte, fand ich die Idee, die Entscheidung meinem Gegenüber zu vertrauen oder nicht, einfach an eine mathematische Gleichung zu delegieren, großartig. Zugleich fehlte mir etwas Wesentliches, weil bei einem derart rationalen Vorgehen, die soziale und emotionale Dimension des Vertrauens völlig unterbelichtet bleibt.

Die zweite Begegnung fand vor nicht allzu langer Zeit in einer Bank statt. Wir wollten ein neues Konto eröffnen und bei Kaffee und Gebäck fing die Bankberaterin ausgiebig an, über sich zu erzählen: Zunächst teilte sie uns ihren beruflichen Werdegang mit, um dann mit dem Satz »… und jetzt erzähle ich Ihnen noch etwas Privates von mir« von ihren Kindern, ihrem Haus in Frankreich und ihrem Garten zu berichten, in dem sie gerne zur Erholung arbeitete. Am Ende der Erzählung waren wir etwas irritiert und fragten uns, ob wir nun unsererseits einer vollkommen fremden Frau unsere Lebensgeschichte und unsere Hobbys erzählen sollten.

Vertrauen ist eine Situation doppelter Kontingenz

Im vorliegenden Buch geht es um die Frage, unter welchen Bedingungen eine Person willens und bereit ist, das Risko einzugehen einer anderen Person zu vertrauen, obwohl – und das ist das zentrale Moment des Vertrauens – die andere Person stets Möglichkeit und Anreiz zum Vertrauensbruch hat. Es geht um »personales Beziehungsvertrauen« und die Unsicherheiten und Unwägbarkeiten, die sich daraus ergeben. In einer solchen Situation sind die beteiligten Personen mit dem konfrontiert, was Luhmann als »doppelt kontingent« bezeichnet:

> Alles auf andere Menschen bezogene Erleben und Handeln ist darin doppelt kontingent, dass es nicht nur von mir, sondern auch vom anderen Menschen abhängt, den ich als alter ego, das heißt als ebenso frei und ebenso launisch wie mich selbst begreifen muss (1972, S. 62 f.).

Das eigene Handeln ist davon abhängig, wie sich das Gegenüber verhält, und das Verhalten des Gegenübers ist davon abhängig, wie man selbst sich verhält. Von Vertrauen soll fortan dann gesprochen werden, wenn zwischen zwei Personen diese Interdependenzen ablaufen: Die Person, die Vertrauen gibt (Treugeber) und die Person, die das Vertrauen nimmt (Treuhänder), stehen in einer wechselseitigen Abhängigkeit. Der Vertrauensgeber hofft, dass er seine Entscheidung nicht bereuen wird, obwohl er sich auch dagegen hätte entscheiden können (einfache Kontingenz), die Vertrauensnehmerin weiß, dass für den Vertrauensgeber etwas auf dem Spiel steht, und hat die Option, dem Vertrauen gerecht zu werden oder das Vertrauen zu enttäuschen und auszunutzen (doppelte Kontingenz).

Fallbeispiel: Kinderwunsch und Karriere

Frau Rot ist eine junge weibliche Führungskraft. Sie ist hochintelligent, engagiert, erfolgreich, empathisch. Sie wünscht sich ein Kind, aber sie spürt, dass das nicht leicht wird: Ihr Job ist schon sehr herausfordernd und dann noch die Doppelbelastung. Wird es ein Sowohl-als-auch oder ein Entweder-oder? Weil der nächste Karriereschritt bald ansteht und ihr Transparenz sehr wichtig ist, zieht sie ihre Vorgesetzte Frau Blau ins Vertrauen.

Diese typische Vertrauenssituation ist von zwei Merkmalen gekennzeichnet:

(1) Die Vertrauensvergabe ebenso wie die Honorierung des Vertrauens sind freiwillige Entscheidungen, die für beide Personen in irgendeiner Form vorteilhaft sind.

Niemand kann Frau Rot bei der Arbeit zwingen, ihren Kinderwunsch oder jedwede Zukunftsplanung öffentlich zu machen, dennoch bringt es ihr Vorteile, wenn sie auf das Verständnis und die Unterstützung durch ihre Vorgesetzte hoffen kann. Auch Frau Blau muss Frau Rot nicht zwingend bei dieser Angelegenheit unterstützen. Sie könnte auch sagen: »Das ist Ihre Privatangelegenheit, das müssen Sie selbst entscheiden.« Zugleich profitiert sie aber davon, da sie nicht irgendwann vor vollendete Tatsachen gestellt wird, sondern die Zukunft der Zusammenarbeit und die Personalplanung aktiv mitgestalten kann.

(2) Die Person (Treugeber), die einer anderen Person (Treuhänder) vertraut, geht immer ein Risiko ein, da die Treuhänderin auch egoistisch-opportunistisch handeln könnte.
Das Risiko für Frau Rot ist offensichtlich: Solange man sich als Frau solche Gedanken überhaupt machen muss und sich nicht einfach darauf verlassen kann, dass die Unterstützungssysteme funktionieren, so lange kann sie nicht sicher sein, ob ihre Vorgesetzte positiv damit umgeht oder ob sie Nachteile dadurch erleiden wird (einfache Kontingenz). Die Vorgesetzte ihrerseits kann sich dem Vertrauen »würdig erweisen« oder sie kann dies zum Anlass nehmen, das Vertrauen zu missbrauchen, indem sie »rechtzeitig« eine andere Person als Nachfolgerin aufbaut (doppelte Kontingenz).

Das im Folgenden dargestellte Vertrauensmodell ist in erster Linie ein soziologisches, genauer gesagt, ein handlungstheoretisches Modell. Es geht um »personales Vertrauen« innerhalb von Zweierbeziehungen sowohl in privaten als auch in Arbeitskontexten. Es wird modellhaft untersucht, wie gegenseitige Erwartungen entstehen, ob und wie diese Erwartungen wahrgenommen werden und auf welche Art und Weise die Personen darauf reagieren. Aufgrund dieser Fokussierung werden folgende Aspekte ausgeklammert:

(1) Psychologischer Fokus: Sicherlich sind manche Menschen risikofreudiger als andere, ebenso kann es sein, dass bestimmte Menschen aufgrund von Traumatisierungen nicht in der Lage sind zu vertrauen. Diesen individualpsychologischen Fragestellungen wird nicht nachgegangen.

(2) Vertrauen ist weder Hoffnung noch Zuversicht: Unter Zuversicht wird eine Art Schicksalsergebenheit mit der Hoffnung auf ein gutes Ende verstanden. Ohne diese Zuversicht könnten wir nicht leben, weil uns das Bewusstsein über die unzähligen Möglichkeiten des Scheiterns lähmen würde. Daher sind wir zuversichtlich, dass die Sonne aufgeht, dass vorbeifahrende Fahrzeuge nicht aus der Bahn geschleudert werden, und dass sich die Kollegenschaft auch heute angemessen verhält. Bei all dem liegt keine ernsthafte Prüfung von Alternativen vor. Man hofft darauf, dass die Erwartungen nicht enttäuscht werden, und falls doch, wird es äußeren Umständen zugeschrieben. Auf ein gutes Ende hoffen oder zuversichtlich auf andere Menschen zugehen, stellt insofern keine Vertrauensbeziehung in doppelt kontingentem Sinne dar. Ob ich zuversichtlich bin oder nicht, nimmt keinen Einfluss darauf, dass die Sonne aufgeht, das entgegenkommende Fahrzeug plötzlich die Fahrbahn wechselt oder sich die Kollegenschaft kollektiv anders verhält.

(3) Staaten, Gesellschaften oder Organisationen kann man nicht vertrauen: Dieser Punkt ist nicht ganz so leicht und eindeutig zu beschreiben, wie die beiden vorigen. Der Dreh- und Angelpunkt liegt darin, inwiefern sich Organisationen ihren Mitgliedern gegenüber oder Staaten sich zueinander »verhalten«, »Entscheidungen treffen« und inwieweit diese gegenseitigen Erwartungen in die nachfolgenden Verhaltensentscheidungen miteinbezogen werden. Ob ich persönlich einer bestimmten Automarke, einer Religion oder einer Regierung »vertraue« oder nicht, hat allein aufgrund dieser Einzelentscheidung keine Relevanz. BMW vertraut nicht dem chinesischen Markt. Wenn sich demgegenüber ein CEO, ein Kirchenoberhaupt oder eine Präsidentin gegenüber einer anderen Vertretung in einer bestimmen Art und Weise verhält, dann haben dieses Verhalten und die jeweilige Einschätzung des Verhaltens anderer möglicherweise hohe Relevanz.

1 Vertrauen zwischen Struktur und Prozess

Vertrauen handlungstheoretisch und in seiner inneren Eigenlogik beschreiben zu wollen, das heißt unabhängig von den subjektiven und psychologischen Voraussetzungen, ist nicht unproblematisch. Das Unbehagen besteht darin, dass wir uns im Glauben an diese positiv besetzte Wärmemetapher ungern durch eine wissenschaftliche Analyse irritieren lassen wollen. Weil Vertrauen eine so basale Angelegenheit ist, hat jede und jeder von uns ein ganz eigenes Bild davon, und je vertrauter dieses Bild ist, desto schwerer fällt es uns, davon Abstand zu nehmen und uns auf eine andere und möglicherweise fremde Lesart einzulassen. Gemäß dem Diktum »Man hat die Fehler seiner Tugenden« gibt es auch im Vertrauensdiskurs »dunkle Seiten« – zu viel Vertrauen kann blind machen. Von daher kann dieses Buch in Konflikt mit Ihrem bisherigen Bild von Vertrauen geraten und dieses zum Wanken bringen.

Ein Modell, das auf die Art und Weise, wie Beziehungen unter Vertrauen entstehen, Antworten geben will, muss erklären können, wann und unter welchen Bedingungen ein verlässliches soziales Miteinander erreicht werden kann. Wie können zwei oder mehrere Personen vertrauensvolle Erwartungen ausbilden und absichern, und über welche Fähigkeiten und Interessen müssen sie verfügen?

Um diese Fragen zu beantworten, muss zunächst geklärt werden, was genau gemeint ist, wenn von »Vertrauen« die Rede ist. Ein zentraler Aspekt wurde bereits angesprochen: Vertrauen ist eine riskante Entscheidung. »Riskant« bedeutet, dass wir immer dann, wenn wir auf Vertrauen angewiesen sind, Gefahr laufen, dass unsere Erwartungen nicht erfüllt, dass wir enttäuscht und geschädigt werden. Aber was ist dann ausschlaggebend für die Entscheidung dafür oder dagegen? Macht das eine Person ganz für sich allein im stillen Kämmerchen aus oder verbirgt sich dahinter eine grundlegende Beziehungsdimension?

Von Georg Simmel (1908) stammt das folgende Diktum: »Der völlig Wissende braucht nicht zu vertrauen, der völlig Unwissende kann vernünftigerweise nicht einmal vertrauen« (S. 346). Damit wäre Vertrauen nicht nur eine individuelle Entscheidung im Hier und Jetzt, denn eine solche ist *voraussetzungsreich*. Um die Entscheidung treffen zu können, braucht es einen »Zustand«, der zwischen Wissen und Nichtwissen angesiedelt ist.

Ein weiterer Schlüsselsatz für die Vertrauensthematik stammt von Niklas Luhmann (2001): »Vertrautheit ist eine unvermeidbare Tatsache des Lebens; Vertrauen ist eine Lösung für spezifische Risikoprobleme« (S. 144). Demnach besteht die Komplexität der Vertrauensthematik darin, Vertrauen einerseits als einen Prozess des Entscheidens zu verstehen, um als Person ein spezifisches Risikoproblem zu lösen. Andererseits gilt es, von dieser Entscheidung den »Zustand« zu unterscheiden, in dem die Entscheidung getroffen wird. Das bedeutet, die strukturellen Voraussetzungen innerhalb derer die Entscheidung stattfindet. Im Sinne einer solchen Strukturdimension, beschreibt Luhmann »Vertrautheit« als eine »unvermeidbare Tatsache des Lebens«. Ob mir etwas vertraut ist oder nicht, ob ich als Stammkunde wahrgenommen werde oder nicht, steht mir nicht als Entscheidung zur Verfügung, sondern ist eine »unvermeidbare Tatsache«. In diesem Sinne können wir auch den Satz von Simmel verstehen, in dem der Zustand des Wissens oder der Unwissenheit ebenfalls als eine Voraussetzung bzw. als »unvermeidbare Tatsache« angesehen werden kann.

Sowohl die Aussage von Simmel als auch die von Luhmann machen deutlich, dass sich die Vertrauenssituation erst dann erfassen lässt, wenn wir nicht einzig und allein auf die Verfasstheit der Person und ihre individuell riskante Entscheidung fokussieren, sondern das Umfeld und die situativen Voraussetzungen mitberücksichtigen, in denen sich die Person für oder gegen Vertrauen entscheidet.

Unter diesen Bedingungen wäre es vernünftig, nur den Personen zu vertrauen, die einem vertraut sind. Bei denen man »weiß«, dass sie verlässlich und vertrauenswürdig sind – aber was ist Vertrauen dann noch wert? Wo ist das Risiko, wenn die Vertrauenswürdigkeit gegeben ist, und wir »wissen«, dass wir vertrauen können? Und was können wir tun, wenn keine Vertrautheit gegeben ist, wenn wir als Fremde »unwissend« und dennoch auf Vertrauen angewiesen sind? Damit stehen wir vor dem Ei-oder-Henne-Phänomen oder einer Paradoxie: Was war zuerst da, die Vertrauensentscheidung oder die Vertrautheit?

Mithilfe des folgenden Modells ist es möglich, aus diesem Dilemma herauszukommen. Es lehnt sich eng an das Coleman'sche Mikro-Makro-Modell an und stellt die Entscheidung, einer anderen Person zu vertrauen, aus einer handlungstheoretischen Perspektive dar (1991, S. 10 ff.).

1.1 Das handlungstheoretische Mikro-Makro-Modell

Im Folgenden wird ein mehrstufiges Vertrauensmodell entwickelt, in dem die gegenseitige Verwiesenheit von strukturellen Voraussetzungen auf der Makroebene und individuellen Wahlmöglichkeiten auf der Mikroebene deutlich gemacht wird. Derart mehrstufige Modelle basieren auf der Annahme, dass es zwei unterscheidbare Ebenen gibt: die Mikroebene individuell handelnder Personen – also, wenn ich mir als Person die ganz konkrete Frage stelle, ob ich vertraue oder nicht – und die Makroebene der sozialen Handlungssituation – also die strukturellen Gegebenheiten und Voraussetzungen: ob es sich um eine vertraute oder unvertraute Situation handelt.

Das Modell basiert auf einem handlungstheoretischen Zugang. Der philosophische Ausgangspunkt der Handlungstheorie besteht darin, die Person innerhalb der sozialen Beziehung nicht als fixe und konstante Figur zu nehmen. Stattdessen soll die Entstehung sozialer Phänomene auf der Grundlage individueller Handlungen und freier Entscheidungen rekonstruiert werden. Demnach ist eine Arbeitsbeziehung nicht »per se« vertraut oder entfremdet. Beziehungen sind auch nicht »an sich« vertrackt oder schwierig, sondern sie lassen sich immer als das Resultat individueller Wahlhandlungen rekonstruieren und infolgedessen individuell verändern.

Aus dieser Sicht wird eine Abteilung, in der großes Misstrauen herrscht, nicht »gottgegeben« als »unveränderliches Ganzes« betrachtet. Das Verhalten der Mitglieder wird nicht vorab determiniert, sondern die dort herrschende Kultur soll als das Ergebnis vieler individueller Entscheidungsprozesse rekonstruiert werden. Ein solches Denken ist keineswegs selbstverständlich, wie die folgenden Beispiele zeigen.

Fallbeispiel: Den Menschen in der Arbeit berücksichtigen

Wir alle kennen die Sätze wie »Betroffene zu Beteiligten machen« oder »die Wertschöpfung eines Unternehmens beginnt bei den Mitarbeitern«. Dennoch sind wir nicht davor gefeit, auf der Makroebene Maßnahmen zu implementieren, die die Individuen gerade nicht berücksichtigen. Oft genug wird davon ausgegangen, dass das Schaffen einer bestimmten Ausgangslage hinreichend ist, das Verhalten der betroffenen Personen erfolgssicher zu determinieren und zu einer kollektiven Verhaltensänderung zu führen:

Da erlässt ein Unternehmen von oben »neue Führungsleitlinien« und wundert sich, dass diese nicht nach unten durchdringen. Da wird für hohe Investitionskosten »Selbstlern-Software« eingekauft, aber der große Wissensschub bleibt aus, weil die Programme nicht genutzt werden. Da nimmt sich ein Unternehmen vor, eine »neue Vertrauenskultur« anzusteuern, und fährt lediglich die Kontrollen herunter, ohne an der Art und Weise des gemeinsamen Umgangs etwas zu ändern. Da wird die neue Management-Methode »Objectives and Key Results« (OKR) eingeführt, ohne dass die Führungskräfte den Prozess vorleben und die Mitarbeitenden ausreichend durch Coaching unterstützt werden.

Dies soll nicht heißen, dass all das nicht möglich ist – aber die Erfolgschancen steigen, wenn die Personen mitgenommen werden, das heißt, wenn der »Umweg« über das Individuum gemacht und seine Entscheidungsfreiheit berücksichtigt wird: *Erst wenn sich die Mitarbeitenden auch dagegen entscheiden können, haben sie die Möglichkeit, sich dafür zu entscheiden.*

Wer es ganz genau wissen will

Die folgenden zwei Beispiele spiegeln das Phänomen, dass sich bestimmte Ausgangslagen scheinbar unmittelbar und kollektiv auf das menschliche Verhalten auswirken, gut wider. Obgleich sie sich im ersten Moment sehr plausibel anhören, gibt es keine unmittelbare und kausale Verbindung zwischen zwei »Makrophänomenen«:

(1) »Calvinismus führt zu Kapitalismus«

Das bekannte Werk von Max Weber lautet »Die protestantische Ethik und der Geist des Kapitalismus« (1904/1988). Hierbei handelt es sich um eine makrosoziale Behauptung, in der davon ausgegangen wird, dass aus einer bestimmten gesellschaftlichen Struktur eine ganz bestimmte neue Struktur resultiert. Weber beschreibt dabei die religiöse Ethik innerhalb protestantischer Gesellschaften. Diese Ethik (vor allem die calvinistische, die darauf beruht, Arbeit als Selbstzweck des Lebens und wirtschaftlichen Erfolg als Zeichen für den Gnadenstand anzusehen) beinhaltet seines Erachtens bestimmte Werte, die »von sich aus« das Wachstum einer kapitalistischen Wirtschaftsorganisation begünstigt. So lautet der bekannte Satz: *Calvinismus führt zu Kapitalismus.*

Was untersuchte Weber? Seine These lautet, dass die calvinistische Doktrin eine besondere Art von moralischen Vorschriften hat, die sie ihren Anhängern auferlegt. Es geht um den Begriff der »Tüchtigkeit« in der Berufspflicht und den Widerstand gegen den Traditionalismus. Dadurch entsteht der »Geist des modernen Kapitalismus«. Alle Personen werden sich in einer calvinistischen Gesellschaft, automatisch »kapitalistisch« verhalten wollen.

Der zentrale Kritikpunkt lautet: Der gemeinsame Gehalt religiöser und wirtschaftlicher Werte auf der Makroebene allein ist noch kein Beleg für den Einfluss religiöser Werte auf wirtschaftliches bzw. kapitalistisches Handeln. Es gibt keine monokausale Verbindung zwischen beidem. Vielleicht spielen weitere oder ganz andere Bedingungen eine zusätzliche Rolle, beispielsweise Veränderungen die sowohl auf religiöse als auch auf wirtschaftliche Wertesysteme einwirken.

(2) »Vor allem Arbeitslose wählten die NSDAP«

Der Aufstieg des Nationalsozialismus und der Untergang der Weimarer Republik werden häufig auf die Wirtschaftskrise der 1930er Jahre zurückgeführt. *Die zu-*

nehmende Arbeitslosigkeit habe die Arbeitslosen in die Arme der NSDAP getrieben. Der Satz erscheint auf den ersten Blick nachvollziehbar, aber er ist falsch. Wie kam man zu dem Ergebnis?

Wissenschaftler, die den Prozess der Machtergreifung Hitlers am Vorabend des Dritten Reichs analysierten, stellten fest, dass in Wahlkreisen, in denen die Arbeitslosigkeit hoch war, die NSDAP besonders gute Wahlergebnisse erzielte. Man schloss daraus, dass es vor allem Arbeitslose waren, die die NSDAP wählten.

Wie spätere Analysen zeigten, war dies allerdings nicht der Fall. Vielmehr schienen die hohen Arbeitslosigkeitsraten die bürgerlichen Schichten (also jene, die Arbeit hatten und erwerbstätig waren) zu verunsichern. Die Sorge, dass sie ihren Job verlieren könnten, führte vermutlich dazu, dass sie in Regionen mit höherer Arbeitslosigkeit mit höherer Wahrscheinlichkeit die NSDAP wählten als in Regionen, in denen die Arbeitslosigkeit niedriger ausfiel. Die alleinige Betrachtung der strukturellen Bedingungen hatte in diesem Fall zu einer falschen Schlussfolgerung geführt.

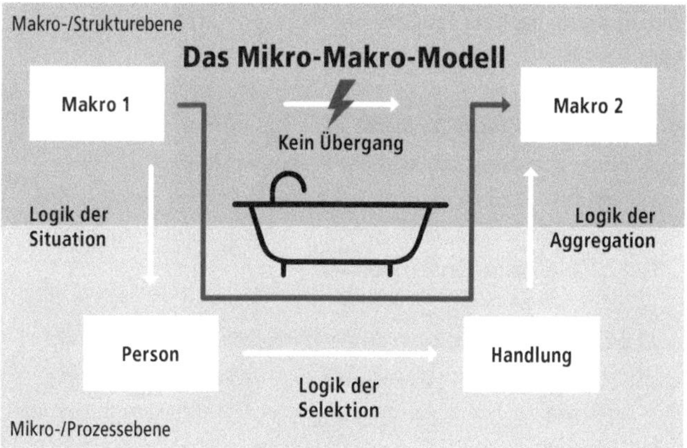

Abbildung 1: Das Mikro-Makro-Modell

Ein anschauliches Modell dafür, wie die Struktur-/Makroebene und die Prozess-/Mikroebene miteinander verbunden werden können, liefert James Coleman (1991) mit der nach ihm benannten und in Abbildung 1 nachempfundenen »Coleman'schen Badewanne«. Das Modell umfasst im Kern die beiden Analyseebenen Mikro und Makro sowie drei Erklärungsschritte bei den jeweiligen Übergängen: (1) die Logik der Situation, (2) die Logik der Selektion, (3) die Logik der Aggregation.

1) Logik der Situation

Beginnen wir mit der Coleman'schen Badewanne bei der »Logik der Situation«: Menschen leben immer schon in einer bestimmten Lebenswelt. Das fängt mit der Familie an, aus der wir kommen, aber es kann ebenso gut die Gesellschaft, ein bestimmtes Unternehmen oder eine Abteilung gemeint sein. All diese Zusammenhänge bilden »unvermeidbare Tatsachen des Lebens« (Luhmann 2001, S. 144).

Der erste Erklärungsschritt besteht darin, die Strukturebene bzw. die soziale Ausgangslage (Logik der Situation) mit der Handlungsebene (Logik der Entscheidung) zu verbinden. Dies geschieht handlungstheoretisch mithilfe der folgenden drei Fragestellungen, die sich zugleich als Coaching-Fragen bzw. als Fragen zur Selbstreflexion anbieten.

Drei Fragen zur Logik der Situation:

(1) Welche relevanten Situationsfaktoren liegen vor?

Wie gestaltet sich die Verteilung von materiellen Ressourcen? Wie gelangt man zu Status und Ansehen? Welche Normen und Regeln herrschen vor? Welche Positionen sind vorhanden und wirksam?

(2) Welche Anreiz-, Sanktions- oder Gelegenheitsstrukturen liegen vor?

Was motiviert, verhindert oder ermöglicht eine Handlung? Beispiele hierfür:

Anreizsysteme: Eine Organisation initiiert ein Kinderbetreuungssystem, so reduzieren sich die Kosten für Frauen und Männer mit Kindern, einer Erwerbstätigkeit nachzugehen.

Sanktionsstrukturen: Handlungsoptionen im Hinblick auf Diebstahl, Einbruch oder Drogenkonsum sind nicht ausgeschlossen, aber via Strafgesetzbuch an Sanktionen geknüpft.

Gelegenheitsstruktur: Welche sozialen Rahmenbedingungen liegen vor, die ein Engagement ermöglichen, erleichtern, erschweren oder verhindern?

(3) Welche Deutungen und Bewertungen ergeben sich aus alldem?
Welche Handlungsalternativen erscheinen plausibel und wahrscheinlich und welche nicht?

All das bildet sich nicht »objektiv« oder »1:1« bei den Personen ab. Die Wahrnehmung wird immer auch auf der Grundlage der eigenen Wahrnehmungsfähigkeit, der eigenen Schemata, Skripts oder des Alltagsverständnisses geprägt. James Coleman (1991) untersucht mit diesem Modell alle möglichen sozialen Situationen. In unserem Fall sind Vertrautheit oder das Gegenteil, die »Unvertrautheit« bzw. Fremdheit, »Makro1-Situationen« innerhalb derer sich bestimmte Handlungsmöglichkeiten auftun. All diese Voraussetzungen fließen – mehr oder weniger bewusst – in die Wahrnehmungen und Deutungen der Personen und anschließend in deren Entscheidung ein, ob Vertrauen schenken eine Option ist oder nicht.

2) Logik der Selektion

Im zweiten Schritt wird aus dem dargestellten Möglichkeitsraum gefolgert, für welche Handlungen sich die Personen voraussichtlich entscheiden werden. Zu diesem Zweck werden den Personen zwei Handlungsprinzipien unterstellt:

- 1. Handlungsprinzip:
  Die Personen kennen ihre Intentionen und wollen diese realisieren.

Konkret heißt das, wir unterstellen den Personen, dass sie wissen, was sie wollen und eigenverantwortlich wählen, ob und wie sie ihre Ziele erreichen. Die Personen handeln nicht »unbewusst«, »reflexartig« oder »zufällig«, sondern verfolgen auf eine rationale Art und Weise ihre eigenen Interessen, wie Güterkonsum, das Erreichen von Anerkennung oder das Bekleiden bestimmter Positionen. »Rational« meint dabei nicht automatisch, dass das Handeln »von Grund auf vernünftig ist«. »Rationalität« bedeutet, dass die Personen in ihre Entscheidungen die Erwartungen der anderen sowie Annahmen über die entsprechenden Effekte ihres eigenen Tuns einbeziehen.

- 2. Handlungsprinzip:
  Die Personen wollen ihren Nutzen maximieren.

Mitunter wird am Begriff der »Nutzenmaximierung« Anstoß genommen, weil es den Eindruck erweckt, als ob *alles* menschliche Tun in dieser Diktion ausschließlich ökonomisch und egoistisch orientiert ist. »Ach, nur deshalb hast du mir geholfen, weil du etwas von mir willst?!« Aber warum sollte »das Gute« selbst nicht auch nützlich und nutzenmaximierend sein? Wenn man Trinkgeld aus einer moralischen Verpflichtung heraus gibt, wenn man sich nicht am Missgeschick eines anderen bereichert, oder Freude daran hat, andere Menschen zu fördern, so kann diesem moralisch guten Handeln immer auch ein Eigennutz zugeschrieben werden. Auch sogenannte uneigennützige Menschen – Wohltäter und Wohltäterinnen wie Mutter Theresa, sich aufopfernde Retter und Heldinnen oder bedürfnislose Asketinnen und Eremiten – maximieren durch ihre Taten auch ihr persönliches Wohlbefinden. Herbert Simon (1956) schlug infolgedessen als eigene Wortschöpfung den »satisficing man« (S. 129 f.) vor. Demnach geht es den Personen nicht darum, ein Maximum zu erreichen, sondern ein subjektiv zufriedenstellendes Anspruchsniveau zu realisieren. Diese Formulierung hört sich etwas freundlicher an – ändert aber nichts am Prinzip.

So »technisch« sich diese beiden Handlungsprinzipien anhören mögen, so ethisch sind sie in ihrer Anwendung: Erst wenn wir den handelnden Personen einen eigenen Willen und eine Absicht unterstellen, diesen Willen durchzusetzen, wird die Handlung zu einer Entscheidung, und erst die Entscheidung macht die Handlung individuell zurechenbar und verantwortbar.

3) Logik der Aggregation

Wie verknüpfen sich die zweckgerichteten Handlungen der Personen zu einem Ganzen? Wie wirken sich die individuellen Entscheidungen auf der Makroebene als kollektive Sachverhalte aus? Und wie können wir nachvollziehen, ob das, was wir auf der Makro1-Ebene initiiert haben, von den Personen in wünschenswerter Art und Weise umgesetzt und zur Makro2-Situation wird?

Wie enorm komplex diese Fragestellung ist, lässt sich am folgenden Beispiel erkennen: Wie viele Personen müssen sich innerhalb eines Teams *für* Vertrauen entscheiden, damit sich die Stimmung im Team in Richtung Vertrautheit verändert? So konsequent und logisch sich diese letzte Fragestellung anhören mag, eine logische Schrittfolge, wie genau man von der Ebene der Handlungen wieder zurück zum Ganzen kommt, gibt es nicht. Allein die Beschreibung und Aufsummierung einzelner Verhaltensweisen liefert keine hinreichende Erklärung dafür, dass es sich wiederum um einen erstrebenswerten Gesamtzusammenhang handelt. Die zahlenmäßige Aggregation von Einzelverhalten allein liefert keine Erklärung für ein Gesamtphänomen.

So plausibel all das erscheinen mag, das Gesamtmodell, das heißt die Kurve, die in ihrem Verlauf einer Badewanne gleicht, darf nicht als ein streng sequenzielles Modell angesehen werden, das systematisch Schritt für Schritt abläuft. In dem Moment, in dem sich eine Situation »Makro2« aufgrund einer bestimmten Anzahl von Einzelentscheidungen etabliert hat, steht sie den jeweiligen Individuen bereits als neue Makro1-Situation gegenüber und so fort. Die »Coleman'sche Badewanne« wird nicht nur ein einziges Mal »durchmessen«, sondern der Prozess wiederholt sich ständig und permanent und jede einzelne Person und viele Personen gleichzeitig »durchmessen« ihre je eigenen »Entscheidungs-Badewannen« aufs Neue und Neue und Neue.

1.2 Praxisbezug: Das Mikro-Makro-Modell

Erste Übung: Auf die »Logik der Situation« Einfluss nehmen

Als diagnostische Ausgangslage kann man in einer Beratung fragen, (1) welche Problemstellungen oder welche Herausforderungen in der Organisation immer wieder auftauchen und routiniert ablaufen, und (2) welcher Personenkreis davon betroffen ist: Ist es eine Einzelperson oder ein Team? Nun lässt sich die »Badewanne« als Methode durchspielen:

1. Erstellen Sie eine Diagnose mit dem Fokus auf die »Logik der Situation«. Welche Bedeutungen werden zugeschrieben, welche Wertungen von den Personen vorgenommen?

Nehmen wir als Beispiel eine Teamsitzung, die von den Beteiligten nur noch als das »Schweigen der Lämmer« bezeichnet wird. Die Führungskraft scheint sich jedes Mal viel Mühe zu geben, das Team zu erreichen und miteinzubeziehen, aber die Resonanz ist minimal und wenn etwas gesagt wird, ist es so abstrakt, dass es zu keinen weiteren Diskussionen führt – schon gar nicht untereinander. Die Mitglieder scheinen keinen Bezug zueinander und kein wirkliches Interesse aneinander zu haben. Offensichtlich ist der Anreiz zum Schweigen und zur Passivität grösser, als der, sich zu beteiligen. Und auch wenn das Schweigen irritierend ist, scheinen die Beteiligten ebenso wie die Führungskraft es kollektiv hinzunehmen und sich damit abgefunden zu haben – zumindest folgen aufgrund dessen keine Restriktionen.

2. Welche Entscheidungen werden die Personen als »Logik der Selektion« wohl treffen? Welche Absichten und Interessen verfolgen sie und worin besteht der Nutzen, den sie dadurch maximieren?

Offensichtlich dominiert bei den Beteiligten das Interesse, sich nicht zeigen und »ungeschoren davonkommen« zu wollen, sodass das Schweigen für sie einen größeren Nutzen verspricht, als sich potenziell einzubringen und/oder die irritierende Situation des Schweigens direkt anzusprechen. Die Frage lautet daher, welche individuellen Interessen wären für die Teammitglieder interessant zu verfolgen – bzw. was müsste man verändern, damit die Personen die Idee bekommen, dass sie etwas gewinnen können – außer in Ruhe gelassen zu werden.

3. Unter welchen Umständen ändert sich die Gesamtsituation als »Logik der Aggregation«? Was ist zu tun?

Bislang war die Situation quasi zementiert. Wenn die Führungskraft etwas ändern will (und nicht insgeheim mit dem Status quo zufrieden ist), gilt es, in einem nächsten Schritt mithilfe einer Intervention die »Logik der Situation« so zu verändern, anzupassen, zu optimieren, dass die gewünschten Verhaltensweisen wahrscheinlicher werden, zum Beispiel: Den Austausch untereinander attraktiver zu machen. Seitens der Leitung Wortmeldungen zu unterstützen, die nicht zu abstrakt sind, sondern eher zum Weiterdenken motivieren.

Die Badewanne rückwärts gedacht lauten die Fragen: Welche Interessen haben meine Mitarbeitenden und welchen Nutzen versprechen sie sich davon (Logik der Selektion) – und wie muss ich, als Führungskraft, die Logik der Situation verändern, dass die Mitarbeitenden es für wahrscheinlich halten, dass ihre (neuen) Ziele erreichbar sind?

Zweite Übung: Gareth Morgans »Images of Organization« (1986) – Bilder und Metaphernarbeit

Nach Gareth Morgan prägen vor allem unsere inneren Bilder (Makro 1) die Art und Weise, wie wir die »Logik der Situation« wahrnehmen. Bekannt ist sein Beispiel für die Sichtweisen auf ein Schwein: Ein Metzger, eine Malerin, eine Veterinärin und ein Bauer – sie alle schauen mit unterschiedlichen Aspekten auf das Schwein, jede und jeder mit der eigenen Relevanz und Bedeutung. Ähnlich ist es in Organisationen – alle schauen auf denselben Sachverhalt und fokussieren dabei auf Probleme und Lösungen, die aus den eigenen Rollen und Aufgaben resultieren. Für die Beratung von Organisationen ist es deshalb wichtig, dass Führungskräfte wie Mitarbeitende in der Lage sind, diese verschiedenen Sichtweisen einnehmen zu können.

Gareth Morgen bietet acht »Leitmetaphern« als »Logik der Situation« an, um von diesen Ausgangslagen die Handlungsoptionen der Mitarbeitenden zu untersuchen. 1. Maschine, 2. Organismus, 3. Gehirn, 4. Kultur, 5. Politisches Spiel, 6. Psychisches Gefängnis, 7. Herrschafts- und Machtinstrument, 8. Fluss und Wandel.

Wenn Sie diese Metaphern diagnostisch ausloten und erkunden, sollten Sie folgende Maßnahmen in Betracht ziehen:

1. Lesen Sie sich die Metaphern durch und identifizieren Sie diejenige, die Sie für Ihr Unternehmen am häufigsten verwenden. Hinterfragen Sie, inwiefern diese Metapher im Hinblick auf Geschwindigkeit und Häufigkeit von Veränderungen und den Grad der Ungewissheit um Sie herum funktioniert.
2. Probieren Sie eine Reihe verschiedener Metaphern aus und prüfen Sie, welche Erkenntnisse diese freisetzen und wie sie die »Logik der Situation« jeweils verändern. Tauschen Sie sich gegebenenfalls mit Ihren Kollegen und Kolleginnen aus, um herauszufinden, welche Metaphern sie verwenden. Teilen Sie mit, welche Erkenntnisse Sie durch die verschiedenen Metaphern gewonnen haben.
3. Betrachten Sie mithilfe dieser verschiedenen Metaphern ein komplexes oder schwieriges Thema wie beispielsweise die Entscheidung über die Zuteilung eines Budgets, um zu verstehen, wie diese einfache Entscheidung als »Logik der Selektion« in verschiedenen mentalen Modellen gesehen werden könnte. Lassen Sie sich auf die Diskussion ein! Durch Gespräche wird die Macht der Metapher entfesselt.

1.3 Das Vertrauensmodell im Überblick

Im Folgenden geht es darum, die Struktur- bzw. Makromerkmale gegenüber den Handlungs- bzw. Mikromomenten abzugrenzen. Hierzu werden Vertrautheit und Fremdheit als Makrophänomene (die die Logik der Situation beeinflussen) von der Vertrauens- bzw. Kontrollentscheidung auf der Mikroebene (als Logik der Selektion) abgegrenzt (siehe Abbildung 2).

Der Schlüssel zum Modell liegt in der Unterscheidung, dass einerseits Vertrautheit eine unvermeidbare Tatsache des Lebens ist, und andererseits Vertrauen eine Entscheidung unter Risiko. Gemäß dem Modell von Coleman (1991) beginnen wir bei der Situation »Makro1 – Logik der Situation«: Diese bezeichnet die Strukturebene, also die Situation, in die wir bereits »unvermeidbar« eingebunden sind. In unserem Fall kann das entweder eine Situation der Vertrautheit oder des Gegenteils, also der Fremdheit, sein. Im Rahmen meiner Familie

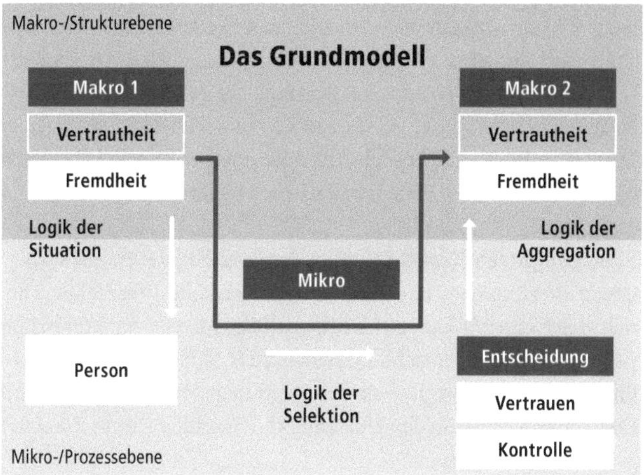

Abbildung 2: Das Grundmodell

werde ich eher ein Gefühl der Vertrautheit haben; wenn ich zu Besuch auf einer großen Party bin, oder in einem neuen Team mit meiner Arbeit beginne, wird mir vieles fremd und unvertraut erscheinen.

Wenn ich mich in dieser Ausgangssituation befinde, stehen mir bestimmte Handlungsmöglichkeiten als »Logik der Selektion« zur Verfügung: Im vertrauten Rahmen meiner Familie werde ich meinen Geschwistern leicht Vertrauen schenken und ihnen etwas anvertrauen. Auf einer Party mit fremden Menschen oder im neu zusammengestellten Team werde ich wohl eher nicht über heikle oder intime Angelegenheiten sprechen, sondern versuchen, mich in der Situation kontrolliert zu verhalten. Das heißt nicht, dass ich mich nicht auch anders entscheiden *könnte.* Ich könnte bereits von Beginn an freimütig über mein Privatleben reden. Es ist kein deterministisches Modell. Es geht um die handlungstheoretische Frage, wie *plausibel* die Wahlhandlungen sind.

Der dritte Schritt im Modell bezieht sich auf die Folgen und Auswirkungen, die sich aus den individuellen Entscheidungen ergeben:

Wenn ich in einer vertrauten Situation einer anderen Person vertraue, dann wird diese Entscheidung vermutlich dazu beitragen, dass die Vertrautheit erhalten bleibt. Ebenso verhält es sich mit der Fremdheit. Solange ich nicht bereit bin, mich auf die fremden Personen im neuen Team einzulassen, solange ich alles unter meiner Kontrolle behalten will, wird die Fremdheit aufrechterhalten bleiben.

In den folgenden Kapiteln werden die Verläufe »Vertrautheit – Vertrauen –Vertrautheit« und »Fremdheit – Kontrolle – Fremdheit«, die sich gleich einer U-Kurve von Makro1 über Mikro nach Makro2 bewegen, genauer untersucht. Dabei wird das Modell um eine weitere Ebene zwischen Vertrautheit und Fremdheit sowie Vertrauen und Kontrolle ergänzt, um den Übergang von Fremdheit zu Vertrautheit gangbarer zu machen.

2 Handeln unter Fremdheit – Fremdheits-Kontroll-Kurve

> »Ein deutscher Fürst soll, als einem hervorragenden Beamten der Antrag auf Übergang in einen anderen Staatsdienst gemacht wurde, den Minister gefragt haben: ›Ist uns der Mann unentbehrlich?‹
> ›Vollkommen, Hoheit.‹
> ›Dann wollen wir ihn gehen lassen. Unentbehrliche Diener kann ich nicht brauchen.‹«
> (Simmel 1908, S. 149)

2.1 Fremdheit

»Dem Chaos kann man nicht vertrauen. Wenn nichts miteinander verbunden ist oder alles mit allem, gibt es keine Möglichkeiten der Generalisierung«, sagt Niklas Luhmann (1989, S. 40). In diesem Sinne tritt uns ebenso die Fremdheit als Chaos entgegen, weil wir an diese nicht mit etwas Bekanntem anschließen können. Wir können keine Bezüge zu etwas völlig Unbekanntem herstellen. In einer fremden, chaotischen Situation weiß man noch nichts über deren Regeln und Ordnung. Das kann auch etwas Attraktives haben. Als Fremder steht man einer »neuen Welt« gegenüber, in der scheinbar noch alles möglich ist. Zugleich macht es die Situation sehr komplex. Diese Komplexität lässt sich so lange nicht handhaben, wie man kein Wissen darüber hat, was in dieser Welt alles unmöglich ist: Gibt man sich zur Begrüßung die Hand, umarmt und küsst man sich, oder darf man sich nur in ausreichendem Abstand höflich zunicken? In einer fremden Welt weiß der Fremde noch nichts über deren Routinen und Rituale, und damit kann er sie auch nicht »erkennen«. Mit Goethe (1948) lässt sich sagen: »Man sieht nur, was man weiß. Eigentlich: Man erblickt nur, was man schon weiß und versteht« (S. 142). Das, was man nicht kennt, kommt einem als Situationsparameter gar nicht erst in den Sinn.

Zwei Anekdoten: Man sieht nur das, was man kennt

In einem sehr ursprünglichen afrikanischen Dorf sollte den Bewohnern und Bewohnerinnen mit Hilfe einer Filmvorführung gezeigt werden, wie man Sümpfe trockenlegt, damit sich die Malariafliege dort nicht mehr vermehren kann. Filmdidaktisch wertvoll aufbereitet, wurden die einzelnen Arbeitsschritte bewusst langsam und sehr nachdrücklich vorgeführt. Auf die Frage des Gesundheitsinspektors, was den Zuschauern und Zuschauerinnen besonders in Erinnerung geblieben war, stellte sich heraus, dass deren Aufmerksamkeit am stärksten an einem Huhn hängen geblieben war. Ein Huhn?! Hühner gehörten gar nicht zum Konzept! Die Recherchen ergaben, dass in einer einzigen Szene des ganzen Filmes, für ein paar Sekunden, ein Huhn im unteren rechten Bildrand herumflatterte. Das Flattern dieses Huhns kam den Menschen vertraut vor, damit konnten sie etwas anfangen. Alles andere, was im Film besonders künstlich dargestellt wurde, war ihnen zu unwirklich, zu fremd, zu sinnlos (Willke 1998, S. 10 f.).

Arie de Geus (1998, S. 60 f.) berichtet von einem »Stammeshäuptling«, dessen Stamm buchstäblich in der Steinzeit lebte. Weil man diesem Menschen einmal etwas Besonderes zeigen wollte, brachte man ihn für 24 Stunden nach Singapur. Der freundliche Häuptling ließ sich überall hinführen und alles vorführen, aber das Einzige, was ihn wirklich beeindruckt hat, war ein Mann, der aufgrund einer Tragevorrichtung mehr Bananen trug, als es der Häuptling je für möglich hielt.

Auch die Fremdheitserfahrungen in der Arbeitswelt nehmen massiv zu. So führen die in den letzten zwanzig bis dreißig Jahren permanent stattfindenden Veränderungen zu einer deutlichen Erhöhung von Komplexität und Ungewissheit. Insbesondere im Technologiebereich »verfällt« die Hälfte des nutzbaren technologischen Wissens nach zwei bis drei Jahren, und IT-Wissen besitzt zurzeit nur noch eine Halbwertszeit von weniger als zwei Jahren. Das heißt, dass wir permanent vor einer Situation des Nicht-Wissens und damit der Fremdheit stehen. Ebenso sind in projektförmig organisierten Arbeitsprozessen offene Verläufe die Regel.

Die Beteiligten sind in solchen Zusammenhängen persönlich tendenziell weniger gut miteinander bekannt als in traditionellen Organisationen. Zusätzlich nehmen die Routinen und Gewissheiten die für die stabileren, hierarchisch-bürokratischen Strukturen typisch waren ab oder fehlen ganz.

Je virtueller im Zeitalter der Digitalisierung dann auch noch unsere räumlichen Erfahrungen werden, desto größer wird der Mangel an festen ortsgebundenen Konstellationen. Eine solche Ortlosigkeit kann, neben aller Komplexität, zusätzlich Gefühle der Entwurzelung oder Desorientierung – das heißt der Fremdheit – auslösen.

2.2 Entscheidungsmöglichkeit: Kontrolle

Je weniger man in einer fremden Welt das Gegenüber einzuschätzen weiß, je fremder einem die anderen Mitarbeitenden sind, desto irrationaler wird es, einander zu vertrauen. Subjektiv lässt sich die Fremdheit dahingehend regulieren, dass man mithilfe äußerer Personenvariablen auf Stereotype zurückgreift: »Personen, die so aussehen, verhalten sich bestimmt so!« Oder man schaut einfach nur auf das Huhn.

Sich auf Fremde zu verlassen, ist entweder die letzte Möglichkeit, die einem bleibt, oder es ist das, was man unter blindem Vertrauen versteht. Der Vorwurf der Blindheit bezieht sich alsdann auf den Anteil der Fremdheit, auf den sich jemand einlässt. Aus derselben Logik heraus kann man von Fremden auch nicht enttäuscht werden. Worin sollte man sich getäuscht haben, wenn es keine Möglichkeit gibt, Erwartungen auszubilden und man kein Wissen darüber hat, wie das Gegenüber ist.

Das heißt allerdings nicht, dass man mit Fremden nicht zusammenarbeiten könnte. Man darf von ihnen nur nichts anderes erwarten, als dass man nichts erwarten kann. Es gibt keine Beziehung, keine Bekanntschaft, keine Loyalität, die zwischen den Personen existiert. Die zentrale Frage lautet: Ist Kooperation unter Anonymität möglich?

Die Erfindung des »Homo oeconomicus«
(der Begriff ist Ende des 19. Jh. entstanden)

Aus dieser »Not« haben die klassischen und neoklassischen Wirtschaftstheorien eine Tugend gemacht und den »Homo oeconomicus« erfunden, einen Menschen, der frei ist von jeglichen sozialen Banden und Beziehungen. Dieser modellhafte Mensch …

1. … ist weitgehend frei von erzieherischer Prägung und nicht langfristig durch Gesellschaftsnormen bestimmt.
2. … kalkuliert ausschließlich rational und überlegt, was seinem Eigeninteresse dient und wie er seinen Nutzen maximieren kann.
3. … hat keinerlei Erwartungen an seine Mitmenschen, außer der einen, dass alle anderen ebenso egoistisch und nutzenorientiert handeln wie er.

Der »Homo oeconomicus« ist ein Typus mit gegebenen Präferenzen, aber auch sehr begrenzten Informationen über die Welt, in der er lebt. Er handelt weder emotional noch intuitiv, sondern vor allem rational. Wobei »rational« kein moralisches Werturteil enthält. Rationalität wird nicht im Sinne einer übergeordneten Vernunft verstanden. Einer rationalen Strategie zu folgen, ermöglicht es der Person schlicht, unter gegebenen Vorlieben ihren individuellen Nutzen zu optimieren (siehe auch die beiden Handlungsprinzipien der »Logik der Selektion«).

Ein »Homo oeconomicus« ist seinem Wesen nach »autonom«. Was seine Entscheidungen angeht, ist er völlig frei und ungebunden. Er richtet sich in seinem Verhalten nicht nach sozialen Konventionen, sondern ausschließlich nach den Folgen der Handlungen. Insofern spielt auch die Vergangenheit keine bedeutende Rolle. Frühere Freundschaften oder Kooperationspartner sind »an sich« wertlos und müssen auch nicht weiter berücksichtigt werden. Mit früheren Bindungen ist er »quitt«. Im Zusammensein mit anderen bleibt er nichts schuldig, es sei denn, die Beziehungen könnten ihm für die Zukunft noch nützlich sein. Sein Motto lautet: »Beziehungen schaden nur dem, der sie nicht hat.« Ansonsten gilt: Was vorbei ist, ist vorbei.

Was allein zählt, sind der individuelle Erfolg und die Zukunft. Daher ist der »Homo oeconomicus« der Prototyp eines Schnäppchenjägers und Opportunisten. Wiederum ist der Begriff des Opportunismus ohne wertenden Unterton zu verstehen. Opportunistisch zu handeln, nach einem Schnäppchen zu jagen, bedeutet, eine sich bietende Chance (eine Opportunität) wahrzunehmen.

Kennen Sie die Prinzipien der ICH-Gesellschaft – und folgen Sie ihnen?

Vielleicht hört sich der Typus »Homo oeconomicus« für den einen oder die andere etwas absurd an. Allerdings spiegeln sich aktuell typische Dynamiken in diesen Prinzipien wider:

1. Selektionsprinzip – nur das Starke und Gute kann überleben
2. Selbstverantwortungsprinzip – jeder ist seines Glückes Schmied
3. Leistungsprinzip – alle nach der eigenen Leistung
4. Fortschrittsprinzip – du musst dich ändern, du kannst nicht so bleiben wie du bist
5. Hierarchisierungsprinzip – es gibt wertvolle und wertlose Menschen
6. Egoismusprinzip – du bist dir selbst am nächsten

Praktizieren auch Sie soziales »Zapping«?

Die typischen Scanner-Fragen auf den »Sozialen Medien« lauten: Interessiert mich das? Bringt mich das weiter? Kenne ich das schon? Und wenn der Quick-Check »Nein« sagt, dann wird weitergezappt. So sind wir zu Schnäppchenjägern in Sachen Beziehung geworden: 500 Kontakte bei LinkedIn und 800 Freunde bei Facebook. Das ist die aktuelle Währung innerhalb sozialer Netzwerke, die alles andere als sozial sind. Wir stellen scheinbar private Beziehungen zur Schau, um die Illusion von Beziehung zu erzeugen. Tatsächlich geht es ausschließlich um die ökonomische Währung von Likes und weiteren Klicks.
Willkommen in der Welt des Homo oeconomicus!

Um mit solchen Ich-zentrierten und rein ökonomisch orientierten Personen »zusammenarbeiten« zu können, müssen wir uns fragen, welche Interessen sie verfolgen und wie der Nutzen aussehen könnte, den sie maximieren wollen. Als Optionen und Maßnahmen stehen Anreiz und Kontrolle zur Verfügung. Kontrolle bedeutet, die Arbeitsleistungen restriktiv durch Zwang, ökonomischen Druck oder bürokratische Regeln zu kontrollieren. Dies war und ist ein funktionales Mittel. Ein Großteil der industriellen Arbeit funktioniert nach wie vor über diese Form von Kontrolle: Zeitkontrolle, Wareneingangskontrolle, Stückzahlkontrolle, Packkontrolle, Warenausgangskontrolle. Auch im Zeichen der Qualitätssicherung (DIN EN ISO, Audits, Akkreditierung, Zertifizierung usw.) wird auf Formen kleinteiliger Kontrollen zurückgegriffen.

Das Hauptproblem der Kontrolllogik besteht darin, dass Kontrolle nur das Kontrollierbare kontrolliert. Ob eine bestimmte Stückzahl produziert oder eine bestimmte Anzahl von Räumen in der vorgegebenen Zeit gereinigt wurde, kann kontrolliert werden. Ob ein Ergebnis innovativ und kreativ ist, oder ob die Mitarbeitenden loyal sind und sich mit vollem Einsatz engagieren, entzieht sich einer klassischen Kontrolllogik. Ganz abgesehen von den »üblichen« Kontrolldefiziten, die unter den Begriffen: »moral hazard«, »shirking on the job« und »principal agent« bekannt sind.

Eine zweite Möglichkeit, die Absichten meines fremden Gegenübers zu steuern bzw. unter Kontrolle zu bringen, ist es, »individuelle Anreize« zu schaffen. Konkret heißt das, die Köder auszulegen, mit denen man eine fremde Person über ihre egoistisch-opportunistischen Interessen »steuern« kann.

Fallbeispiel:

Eine Person bekommt kein fixes Gehalt – weil dies bedeuten würde, dass der Arbeitgeber kontrollieren muss, ob die Arbeit tatsächlich im entsprechenden Umfang erbracht wurde. Stattdessen wird sie ausschließlich nach ihren erbrachten Leistungen bezahlt (getätigte Programmierungen, konkrete Verkäufe oder Vertragsabschlüsse). Arbeitet sie viel, erhält sie viel – arbeitet sie wenig, erhält sie wenig. Auch wenn auf Seiten des Auftraggebers das Risiko bleibt, dass der Auftragnehmer keine Leistung erbringt, ist sein Risiko, hintergangen zu werden, minimal, weil sich die Person bei Faulheit vor allem selbst schädigt.

Strukturvertriebs- oder Franchise-Systeme ebenso wie die komplette Gig Economy setzen auf diese Formen weitgehender »Arbeit unter Fremdheit«. Die Franchise- oder Gig-Geber können ihre Franchise- oder Gig-Nehmer weitgehend sich selbst überlassen.

Kooperationsprobleme unter Fremdheit allein durch individuelle Anreize lösen zu wollen, insbesondere durch Geld, blendet die soziale Beziehung weitgehend aus. Die Motivation der Personen, sich mit anderen sozial abzustimmen, wird ignoriert. In dieser Logik individualisieren jegliche Formen von Leistungsprämien radikal. Sie appellieren an die individuelle Gier, noch mehr für sich selbst gewinnen zu wollen. Auf diese Weise funktionieren und erhalten sich alle Entrepreneur- und Intrapreneur-Systeme, bei denen die Mitarbeitenden sich so verhalten, als ob sie selbst Unternehmer wären (obgleich sie es nicht annähernd sind!).

Die »verführerische Idee« dieses Vorgehens liegt darin, die Mitarbeitenden weitgehend unter Kontrolle zu haben. Man weiß, wie sie zu führen sind und kann sie jederzeit durch andere Personen ersetzen. Aus der Perspektive der Arbeitgeberschaft bedeutet dies maximale Macht und Flexibilität. Man macht seinen Mitarbeitenden klar, dass sie entweder zu folgen haben oder gehen können – dementsprechend verbleiben sie im Status der Fremdheit, der keine weiteren Bindungen nach sich zieht. In diesem Sinne lässt sich mit dem Eingangszitat sagen: »Unentbehrliche Diener kann ich nicht brauchen.«

Das »Prisoner's Dilemma« (dt. »Gefangenendilemma«)

Das bekannteste Beispiel dafür, ob und wie Kooperation unter Fremdheit möglich ist, ist das »Prisoner's Dilemma«: Die zwei Ganoven Smith und Jones sitzen wegen unerlaubten Waffenbesitzes in getrennten Zellen in Untersuchungshaft. Die Staatsanwältin hat noch einen ungelösten Bankraub und glaubt, dass die beiden auch für dieses Verbrechen verantwortlich sind. Sie möchte unbedingt ein Geständnis der beiden haben. So veranlasst sie die Wächter, eine Razzia in den Zellen durchzuführen, um nach illegalen Waffen zu suchen. Ihr Ziel verfolgt die Staatsanwältin wie folgt: Sie macht zunächst Smith folgendes Angebot:

- Sollte er gestehen, und Jones beschuldigen, und Jones seinerseits aber dichthalten und nichts sagen, würde sie bei ihm von einer Anklage absehen, er käme durch eine Kronzeugenregelung frei und Jones für zehn Jahre hinter Gitter.
- Falls nun Jones ebenfalls gestehen und Smith verpfeifen sollte, könnte sie die Anklage nicht für beide fallen lassen, aber sie könnte dann mildernde Umstände geltend machen, sodass beide mit drei Jahren rechnen müssten.
- Sollte Smith sich allerdings weigern, zu gestehen, und seinerseits dichthalten, würde sie nicht mehr so entgegenkommend sein. Im Falle, dass dann Jones als Einziger gestünde, würde sie für Smith die Höchststrafe von zehn Jahren beantragen.
- Sollten am Ende beide dichthalten und nicht gestehen, so könnte sie ihnen dennoch jeweils eine geringere Strafe von einem Jahr wegen des unerlaubten Waffenbesitzes aufbrummen.

Nachdem sie all das erklärt hat, geht sie in die Zelle von Jones und macht ihm das entsprechende Angebot. Die Tabelle zeigt die Matrix der möglichen Spielzüge.

	Jones gesteht	Jones gesteht nicht
Smith gesteht	S. bekommt 3 Jahre	S. bekommt nichts
	J. bekommt 3 Jahre	J. bekommt 10 Jahre
Smith gesteht nicht	S. bekommt 10 Jahre	S. bekommt 1 Jahr
	J. bekommt nichts	J. bekommt 1 Jahr

Wofür werden sich die beiden Ganoven im Sinne der »Logik der Situation« entscheiden?

Wenn wir davon ausgehen, dass sich beide erst kurz zuvor getroffen haben – sich also einander fremd sind – dann werden auf jeden Fall beide gestehen. Sie werden den anderen »verpfeifen«, obgleich die vertrauensvolle Strategie – nicht zu gestehen – für beide Gefangene optimal wäre. Allerdings stellt sie ein hohes persönliches Risiko dar, sofern der andere doch nicht »dichthält«. Unter diesen Bedingungen arbeitet das rationale Eigeninteresse gegen den möglichen Vertrauensgewinn. Das Vertrauensrisiko, das heißt, die Inkaufnahme persönlicher Verluste (zehn Jahre Knast), kann nur vermieden werden, indem man die Handlungsoption unter eigener Kontrolle hält.

In diesem einmal durchgeführten (»single shot«) Gefangenendilemma ist Vertrauen die schlechtere Lösung. Daran würde sich auch nicht grundlegend etwas ändern, wenn die beiden Gefangenen die Möglichkeit hätten, fünf Minuten miteinander zu reden. Was könnte man in dieser Zeit schon für eine verlässliche Vertrauensbasis schaffen?

Obgleich es viele Ideen und Vorschläge gibt, wie man aus diesem Dilemma rauskommen könnte, bleibt es unter der Bedingung von Fremdheit unlösbar (sonst wäre es ja kein Dilemma!). Oder anders ausgedrückt: Alle kooperativen Lösungsversuche benötigen irgendeine Form von Vertrauen, genauer gesagt, sie benötigen eine Form von »Beziehungskapital«, aber dazu in den nächsten Kapiteln mehr.

Gruppen-Entscheidungs-Übung: ROT-BLAU

Wenn Sie das »Prisoner's Dilemma« im Rahmen einer Organisationsberatung gern live durchspielen wollen, dann bilden Sie zwei Gruppen, platzieren Sie diese weit genug auseinander und geben ihnen folgende Anleitung:

Zielsetzung: Beide Gruppen müssen mit einem positiven Punktwert abschließen. Die Gruppe mit dem höchsten positiven Wert gewinnt.

Vorgehensweise: Nach einer kurzen Beratungsphase wird die Leitung die Gruppen nach ihrer Entscheidung fragen. Sie haben etwa drei Minuten Zeit, sich abzustimmen, um sich als Gesamtgruppe für ROT oder für BLAU zu entscheiden. Es findet keine Kommunikation in jedweder Form zwischen der einen und der anderen Gruppen statt, es sei denn, durch Instruktion der Leitung. Erst wenn sich beide Gruppen entschieden haben, veröffentlichen diese gleichzeitig ihre Entscheidung (beispielsweise, indem sie eine rote oder blaue Karte hochheben).

Punktewerte:

Wir spielen	Die Anderen spielen	Punkte Wir	Punkte Die Anderen
Rot	Rot	+3	+3
Rot	Blau	–6	+6
Blau	Rot	+6	–6
Blau	Blau	–1	–1

Weitere Instruktionen:
Es werden insgesamt zehn Runden gespielt.

Nach der vierten und neunten Runde werden die in dieser Phase erzielten Punktewerte verdoppelt (sowohl negativ als auch positiv).

In der zehnten Runde wird der in dieser Phase erzielte Wert mit zehn multipliziert.

Nach der vierten und achten Runde besteht die Möglichkeit einer gemeinsamen Besprechung mit der anderen Gruppe, sofern dies beide Gruppen wünschen.

Pointe: Es lässt sich gut beobachten, ob die Teams eher kooperativ oder opportunistisch agieren. Je besser sich die Teams kennen, und je länger sie miteinander zu tun haben, desto eher werden sie kooperieren. Je fremder die Teams einander sind bzw. je dominanter Einzelpersonen das Ruder an sich reißen, desto unkooperativer werden die Strategien. Vorsicht: Mitunter kann es bei dieser Übung vorkommen, dass sich beide Teams lieber gemeinsam in den Abgrund reißen, als dass eine von beiden Parteien nachgibt!

2.3 Gegenteil von Kontrolle: Ignoranz

Wenn wir uns unter der Perspektive strenger Kontrolle auf das Modell »gemeinsamen Arbeitens« einlassen, ist die Beziehungsdimension ausgeblendet. Es zählt ausschließlich die vorab festgelegte Leistung.

Ein häufiges Missverständnis besteht nun darin, zu glauben, dass bereits der bloße Verzicht auf Kontrolle unmittelbar etwas mit Vertrauen zu tun haben könnte und dass Vertrauen einfach das Gegenteil von Kontrolle sei. Das bloße Ausbleiben oder das bewusste Nicht-Durchführen von Kontrolle allein ändert jedoch nichts am Zustand der Fremdheit. Wenn Personen kleinteilig kontrolliert werden und die Kontrolle dann plötzlich ausbleibt, ändert sich zunächst nichts an der Beziehungsqualität bzw. am Zustand der Fremdheit (im Sinne der »Logik der Situation«). Vermutlich ist das Gegenteil der Fall. Wenn sich die Organisation in ihren Strukturen bislang durch Fremdheit im Sinne von Kontakt-, Kommunikations- und Beziehungsarmut ausgezeichnet hat, dann konnte zumindest das Ausüben von Kontrolle von den kontrollierten Personen als eine Form von Kontakt- und Kenntnisnahme gewertet werden: *Immerhin interessiert sich meine Vorgesetzte für mich, wenn auch nur in Form von Kontrolle.* Wenn nicht einmal mehr diese stattfindet, dann wird das Ausbleiben von Kontrolle aller Voraussicht nach nicht als Beziehungssignal, sondern eher als Ignoranz bewertet werden.

Anders ausgedrückt: Wenn ich es als vorgesetzte Person für notwendig erachte, alle Fäden in der Hand zu halten, dann könnte nur Gleichgültigkeit der legitime Grund dafür sein, etwas nicht mehr zu kontrollieren. Es hat dann einfach keine Bedeutung für mich. Somit bestehen zwei plausible Handlungsmöglichkeiten unter Fremdheit: Entweder muss die Situation und/oder das Gegenüber kontrolliert werden, oder das, was er oder sie tut, kann mir gleichgültig sein, weil es mir entweder nichts bedeutet oder weil die Handlungen meines Gegenübers keinen unmittelbaren Einfluss auf mich haben. Damit ist Ignoranz die andere Handlungsoption.

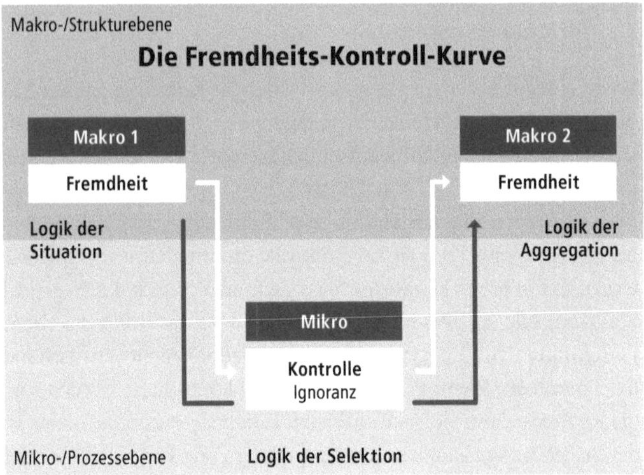

Abbildung 3: Die Fremdheits-Kontroll-Kurve

Verbleiben die Personen – Vorgesetzte wie Untergebene – in dieser Handlungslogik, wird sich auch an der Gesamtsituation (Makro 2) nichts verändern: Fremdheit gebiert Fremdheit. Man denke nur an das von Loriot wunderbar dargestellte Zerrbild deutschen Beamtentums, bei dem Menschen über Jahre hinweg gemeinsam im selben Raum arbeiten und sich konsequent siezen, ohne sich jemals persönlich näherzukommen.

Soweit zum Verlauf der Fremdheits-Kontroll-Kurve: Wenn die Ausgangslage die der Fremdheit ist (Makro 1), dann werden sich Personen, die miteinander arbeiten, einander kontrollieren, da sie kein Wissen darüber haben, ob und wie tragfähig die Kooperationsbeziehung ist. Sollten Personen unter Fremdheit zwar miteinander zu tun haben, aber das gemeinsame Ergebnis keine wirkliche Bedeutung haben, kann man sich auch einfach aus dem Weg gehen und einander ignorieren. Beide Handlungsoptionen ändern nichts wesentlich an der Gesamtsituation, so dass die Makro2-Situation in der Fremdheit verbleibt (siehe Abbildung 3).

2.4 Praxisbezug: Zusammenarbeit unter Fremdheit

Fallbeispiel: Anfangssituation

Stellen Sie sich vor, ein Team wird neu gegründet oder eine Projektgruppe neu zusammengesetzt. Solche Anfangssituationen sind von großer Fremdheit gekennzeichnet. Von Beginn an volle Arbeitsfähigkeit und Funktionstüchtigkeit zu erwarten, überfordert alle Beteiligten. Weder Führungskräfte noch Teammitglieder wissen um die Ressourcen und Begabungen der anderen, ebenso wenig sind sie in der Lage, die personellen Unterschiede und qualitativen Differenzen einzuordnen und mitzutragen.

Damit trotz dieser Fremdheit Ergebnisse geliefert werden können, tut die Führungskraft gut daran, ein klares Regel- und Normenwerk zu etablieren, um darüber Sicherheit herzustellen sowie zweckmäßige Kontrollen durchzuführen. Es gilt, Orientierung zu schaffen, was läuft und was nicht. Dabei ist es keineswegs so, dass Mitarbeitende derartige Kontrollen per se als schlecht wahrnehmen und dass niemand ihre Arbeit kontrollieren dürfte. Es gibt Teams, in denen viel Fremdheit herrscht und von denen stärkere Kontrolle sogar gewünscht ist – teilweise ist dies bei jungen, unsicheren Teams, bei rein virtuellen Teams oder Teams mit hoher Fluktuation, bei Teams mit ungewohnten Aufgaben oder bei der Beschreitung neuer Märkte ohne Erfahrung der Fall.

Problematisch wird Kontrolle dann, wenn sie überbordend wird und dadurch den Selbstwert der Mitarbeitenden angreift: »Warum wird mir hier denn ständig auf die Finger geschaut? Für wie komplett unfähig halten die mich? Glauben die, dass ich gar nichts kann?« Je länger diese gefühlte Bevormundung und damit zusammenhängende Missachtung der realen Person andauert, desto mehr löst sie Defensivmechanismen und Unzufriedenheit aus. Viele Mitarbeitende machen nachweislich deutlich mehr Fehler, wenn sie zu sehr kontrolliert werden. Enge Kontrolle macht unsicher, Unsicherheit führt zu problemorientiertem Denken, und wer die ganze Zeit denkt: »Jetzt bloß nichts falsch machen!«, ist auf dem besten Wege, genau diese Fehler zu machen. Je enger kontrolliert wird, umso nachhaltiger entsteht eine Kontroll-Atmosphäre bzw. sie bleibt mit all ihren negativen Auswirkungen aufrechterhalten.

Fallbeispiel: Wenn die offene Bürotür missverstanden wird

Ein Team wurde über lange Zeit sehr eng und straff geführt, und jeder Fehler wurde sofort geahndet. Die Mitarbeitenden waren darauf fixiert, alles, was die Führungskraft tat, als Akt der Kontrolle wahrzunehmen. Als schließlich eine neue Führungsperson nachfolgte, ließ diese die eigene Bürotür zum Gang offen. Sie wollte damit signalisieren, dass die Teammitglieder gern zu ihr kommen können und dass sie für ihr Team verfügbar sei (»Logik der Situation«). So hatte sie es zuvor in ihrem Unternehmen auch gehandhabt.

Die Mitarbeitenden haben die offene Tür allerdings als eine weitere Möglichkeit der Überwachung interpretiert. Sie gingen davon aus, dass die Führungskraft stets hören wollte, wann sie zu viel oder zu laut redeten oder gar lachten. Sie wagten es nicht mehr, sich zwischendurch locker und ungezwungen auszutauschen (»Logik der Selektion«). Nun fühlten sie sich noch schlechter als zuvor. Es war, als würde ihnen die Luft abgeschnürt, als dürften sie bei der Arbeit keine Freude empfinden und sich gar nicht mehr äußern. Sie nahmen an, sie sollten einfach nur still vor sich hinarbeiten. Wie aber hätten sie die neue Führungskraft auch anders einschätzen können, da die Logik der Situation aus ihrer Routine heraus eine vollkommen andere war als für die Führungskraft? Durch dieses Missverständnis war die Stimmung im Team schier unerträglich und nach nur wenigen Monaten standen einige Leute knapp vor der Kündigung (»Logik der Aggregation«).

Was tun?

Wie bereits oben beschrieben, gilt es, mit den betroffenen Personen in Form einer Klausur eine Diagnose mit dem Fokus auf die »Logik der Situation« durchzuführen und sowohl den Teammitgliedern als auch der neuen Führungskraft die Chance zu geben, einander deutlich zu machen, aus welchen Gründen die Ausgangslage so eingeschätzt wurde, wie sie eingeschätzt wurde und warum aufgrund dessen welche Deutungen, Wertungen und Entscheidungen vorgenommen wurden.

Das wertvolle an diesem Ansatz besteht darin, dass alle Beteiligten in ihrem Handeln ernst genommen werden. Es geht nicht darum, Schuld zuzuweisen, nach dem Motto: »Wie seid ihr nur auf eine so dumme Idee gekommen?«, sondern darum, den Personen interessiertes und absichtsvolles Handeln zu unterstellen und sie darin konsequent ernst zu nehmen.

3 Handeln unter Bekanntheit – Bekanntheits-Zutrauens-Kurve

> »›Eines Tages‹, sagte er, ›werde ich den Fehler machen, vor dem es einem Menschen in meiner Stellung am allermeisten graut. Dann werde ich mit jemandem ein Geschäft machen, auf den ich mich verlassen kann, und ich werde einfach zu clever sein, um ihm wirklich zu vertrauen.‹«
> (Chandler, zit. nach Coleman 1991, S. 127)

»Dem ist alles zuzutrauen!« Wer mit einem solchen Spruch bedacht wird, kann sich nicht ganz sicher sein, ob es als Kompliment oder eher als Warnung zu verstehen ist. Derjenige, dem alles zuzutrauen ist, könnte die bewundernswerte Eigenschaft eines Hasardeurs haben. Er scheut weder Tod noch Teufel und setzt alles aufs Spiel. Allerdings wird man sich auf jemanden, dem alles zuzutrauen ist, im Spezifischen eher nicht verlassen – schließlich muss man ihm ebenso zutrauen, dass er jederzeit einen Vertrauensbruch begehen könnte (für Frauen gilt das natürlich gleichermaßen). Diejenigen, denen alles zuzutrauen ist, erhalten einen ähnlichen Status wie Fremde. Sie entziehen sich jeglicher Berechenbarkeit, und es ist unmöglich, sie zu »greifen«.

Jemandem etwas Bestimmtes zuzutrauen, heißt demgegenüber, sie oder ihn als einschätzbar und das Verhalten nicht mehr als willkürlich anzusehen. Diese positive Erwartung ist nicht allumfassend, sondern kann sich in Form einer spezifischen Beziehung entwickeln und ausbilden. Je größer diese handlungsbefähigende Bereitschaft wird, desto verletzlicher können sich die Personen infolgedessen zueinander verhalten. Was allerdings nicht bedeutet, dass die gegenseitigen Einschätzungen abgesichert wären – auch hier bleibt das Risiko bestehen.

Wenn wir die Extremform des Hasardeurs hintanstellen, zeigen experimentelle Untersuchungen weltweit, dass auch in anonymen und einmaligen Kooperationsrunden (siehe »Prisoner's Dilemma«) trotz des Risikos Schaden zu nehmen, zu einem hohen Anteil die kooperative Strategie gewählt, das heißt aktiv vertraut wird, und dass dieses Vertrauen in der Regel nicht enttäuscht und ausgebeutet wird (vgl. Fehr, Fischbacher u. Gächter 2002; Falk 2003). Weshalb das so ist, ist noch nicht abschließend geklärt. Vermutlich hängt es damit zusammen, dass sich Kooperation evolutionär betrachtet Konkurrenz gegenüber als das erfolgreichere Modell durchgesetzt hat.

Für die Logik des Modells ist das kein Widerspruch, sondern eine Bestätigung dafür, dass Veränderungen auf der individuellen Handlungsebene (»Logik der Selektion«) möglich sind. Die »Logik der Situation« determiniert nicht das Verhalten. Personen können sich immer auch »anders« und damit entgegen der vorherrschenden Handlungsregel verhalten. Hierin liegt die Möglichkeit, dass wir uns trotz Fremdheit auf Kooperation einlassen, dass wir nicht ausschließlich auf Kontrolle bestehen und uns stattdessen auf das Gegenüber einlassen. Aber was genau passiert da?

3.1 Bekanntheit

Was die Vertrautheit angeht, so mag es nachvollziehbar sein, dass man sich nicht spontan und unmittelbar einander »vertraut machen« kann. »Sich mit etwas vertraut machen«, bedeutet so viel, wie sich intensiv und gründlich mit einer Sache beschäftigt zu haben. Andererseits kann man sich sehr wohl gegenseitig »bekannt machen« und neue Bekanntschaften knüpfen. Hat Vertrautheit etwas mit »sich trauen« und »jemandem trauen« zu tun, so geht es bei der Bekanntheit etwas distanzierter um »Kennen« und »Kennenlernen«. Sich gegenseitig »bekannt machen« wäre in unserem Fall ein erster Schritt in Richtung Bekanntheit. Die individuell »passende« Entscheidungsoption dazu wäre das »Zutrauen«. (Im Englischen zeigt sich der Unterschied in den Begriffen »confidence« als Zutrauen und »trust« als Vertrauen.)

Fallbeispiel: Eine Stelle neu besetzen

Nehmen wir einmal an, in einem Unternehmen soll eine vakante Stelle besetzt werden. Die Entscheidung, jemanden einzustellen, wird möglicherweise in einer Personalabteilung getroffen. Dort gibt es Kriterien und Anforderungsprofile, nach denen die Bewerbungsunterlagen gesichtet werden. Anschließend finden Bewerbungsgespräche und gegebenenfalls weitere Einstellungstests statt. Sich blind auf die nächstbeste Person zu verlassen und lediglich darauf zu hoffen, dass der oder die Neue auch gut sein wird, widerspräche einer guten Personalarbeit.

Da die meisten Bewerbungen zunächst fremd sind, existiert ein Informationsdefizit und damit ein Risiko auf Seiten des Unternehmens: Hält die Person, was sie verspricht, oder läuft man Gefahr, sich für die falsche zu entscheiden? Die riskante Vorleistung seitens des Unternehmens besteht darin, die *eine* Bewerberin anstelle der anderen einzustellen und einzuarbeiten. Doch obgleich das Gegenüber fremd ist, können sich im Laufe der Bewerbung bestimmte Punkte herauskristallisieren, die es rechtfertigen, dass man den Job der einen Bewerberin eher »zutraut« als der anderen.

3.2 Entscheidungsmöglichkeit: Zutrauen

So, wie in der Einleitung allgemein von »Treugeber« und »Treuhänder« die Rede war, haben wir es im Folgenden mit »Zutrauens-Gebern« und »Zutrauens-Nehmern« zu tun. Somit ist klar, auf wessen Seite das Risko liegt (»Geber«) und wer die »Vergabe« entgegennimmt und gegebenenfalls missbrauchen kann (»Nehmer«).

Um einer anderen Person etwas Bestimmtes zuzutrauen, muss die Person, die das Zutrauen gibt, nicht zwingend viel mit der anderen Person zu tun gehabt haben, die das Zutrauen empfängt bzw. entgegennimmt. Man kann nicht gleich ihren Charakter und die komplette Integrität überprüfen. Stattdessen besteht die Möglichkeit, sich mithilfe von »externen Zutrauens-Markern« dem Gegenüber bekannt zu machen, und die Aufmerksamkeit auf bestimmte »objektive« bzw. »nachvollziehbare Kriterien« zu verlegen. Das Gegenüber muss nicht »mir persönlich« etwas zutrauen – dazu bin ich zu fremd. Aber er oder sie kann der »Position«, die durch mich vertreten wird, Zutrauen geben. Die Zutrauens-Marker übernehmen quasi die Stellvertretung für den Zutrauens-Nehmer (siehe Abbildung 4).

Jemandem etwas zutrauen

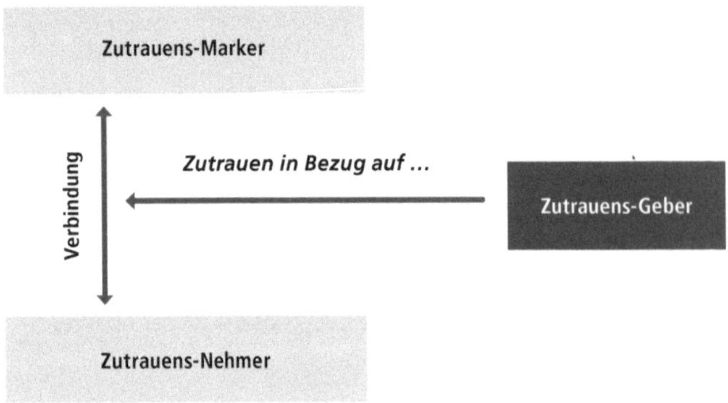

Abbildung 4: Zutrauens-Marker

Was es genau mit den Zutrauens-Markern auf sich hat und wie sie funktionieren, kann anhand der folgenden vier Strategien deutlich gemacht werden (siehe Abbildung 5 auf der folgenden Seite). Bei jeder der Strategien wird auf eine bekannte und für den Zutrauens-Geber (hoffentlich) bedeutsame Markierung hingewiesen, um ihn dazu zu bewegen, sich auf den Zutrauens-Nehmer einzulassen. Die vier Strategien lauten: (1) Kompetenz, (2) Integrität, (3) Erwartungskongruenz, (4) Bindung. Die Strategien eins und zwei versuchen, die Zutrauens-Marker in der Vergangenheit zu verankern, drei und vier in der Zukunft. Wenn wir beim Beispiel des Bewerbungsgesprächs bleiben, dann haben alle vier Strategien dasselbe Ziel: Dem Zutrauens-Geber soll signalisiert werden, dass das Risiko, das er oder sie bei der Wahl dieser einen Person eingehen wird, minimal ist.

Abbildung 5: Zutrauens-Strategien

Die vier Zutrauens-Strategien im Rahmen eines Bewerbungsverfahrens

(1) Kompetenz

Der Klassiker der Zutrauens-Strategie besteht darin, dem Bewerbungskomitee klarzumachen, dass ich aufgrund meiner Kompetenz und Qualifikation genau diejenige bin, die gebraucht wird, um die Stelle zu besetzen. Nichts liegt näher, als mir, die ich ja eine Expertin bin, zuzutrauen, dass ich die Aufgabe am besten meistern werde. All das lässt sich anhand von »objektiven« Schulnoten, Zeugnissen, Zertifikaten, Ausbildungsnachweisen, Empfehlungen und Praktikumserfahrungen nachweisen, die in der Vergangenheit erworben wurden.

(2) Integrität

Diese Strategie zielt vor allem darauf ab, mich als wahrhaftig oder als integer darzustellen. Es geht dabei weniger um mein spezifisches Können. Vielmehr geht es darum, hervorzukehren, dass ich ehrlich und unbescholten bin sowie moralischen Prinzipien folge. Ich habe einen einwandfreien Leumund. Um dies zu bestätigen, gibt es Leute, die für mich bürgen, ihre Hand für mich ins Feuer legen, mir als Referenz dienen, ein gutes Wort für mich einlegen, mir eine Empfehlung schreiben. Bei dieser Strategie stehen die Glaubwürdigkeit und Reputation im Vordergrund, die sich eine Person in der Vergangenheit erarbeitet hat.

(3) Erwartungskongruenz

Wenn ich allerdings nicht mit meiner Vergangenheit punkten kann, weil ich die Ausbildungen nicht habe oder mir gar etwas habe zuschulden kommen lassen, kann ich zumindest signalisieren, dass es zukünftig genug gute Gründe gibt, wie ich dem mir entgegengebrachten Zutrauen gerecht werde. Startups bzw. das TV-Format »Höhle der Löwen«, in dem Unternehmensgründerinnen um das benötigte Investitionskapital für ihre Geschäftsidee werben, leben davon, dass die Bewerberinnen aufzeigen, dass sie felsenfest von ihren Ideen überzeugt sind. So wird sie auch in Zukunft niemand davon abbringen, daran weiterzuarbeiten. Sollte ein Investor oder eine Personalverantwortliche »zufällig« dieselben Interessen verfolgen, dann passen beide Seiten ohnehin optimal zusammen. Es gibt eine eindeutige Übereinstimmung der gegenseitigen Erwartungen bezüglich Eigenschaften, Handlungsweisen und Werten und das vermeintliche Risiko ist verschwindend gering.

(4) Bindung

Bei dieser Strategie mache ich deutlich, dass Verbindlichkeit, Verlässlichkeit und Langfristigkeit in der Zukunft für mich eine hohe Bedeutung haben. Bindung, im Sinne eines »inneren Gebundenseins« bedeutet für mich mehr als individuelle Freiheit und Selbstverwirklichung um jeden Preis. Dies kann ich dadurch signalisieren, dass ich für meinen neuen Job extra meinen Wohnort verlege, oder mich ganz konkret auf bestimmte Zeit »verpflichte«: als Soldat auf Zeit in der Armee oder der Fremdenlegion oder lebenslang in einem Kloster.

Es braucht Möglichkeiten, sich einander bekannt zu machen, damit Zutrauen als ein »begrenztes Vertrauen« zu einer plausiblen Option werden kann. Von einer »Bekannten« weiß man, was man ihr zutrauen kann und was nicht. Das Zutrauen bezieht sich auf das »Erkennbare«, das zwischen zwei Personen sichtbar und weitgehend »besprechbar« gemacht werden kann.

Zutrauens-Strategien als »Lösung« für das »Prisoner's Dilemma« und die Konsequenzen für Organisationen

Im vorigen Kapitel war die Rede davon, dass es Lösungsmöglichkeiten für das »Prisoner's Dilemma« gibt, die sich allerdings nicht aus der Logik der Fremdheit ergeben und für die das Spiel grundlegend modelliert werden muss. Dank dieser Zutrauens-Modellierungen ergeben sich handfeste Maßnahmen für Organisationen, wenn sie von der Fremdheit in die Bekanntheit kommen wollen: Anhand der vier Strategien ergeben sich vier Lösungsmöglichkeiten.

Kompetenz: Die Strategie der Kompetenz ist nicht unbedingt dazu geeignet, das »Prisoner's Dilemma« zu lösen. Inwiefern sollte ein Ganove sich davon beeindrucken lassen, dass der andere einen Doktortitel hat? In Organisationen sieht das schon anders aus. Kompetenzen fallen einem nicht zu, sondern sind mit Arbeit und Leistung verbunden. Eine Organisation, die diesem Prinzip der Leistungsgerechtigkeit Rechnung trägt, signalisiert, dass es ihr nicht um zufällige Gewinne und günstige Gelegenheiten, sondern um Fleiß und Kontinuität geht.

Integrität: Bei Ganoven von Integrität zu sprechen ist ebenso irritierend. Andererseits gibt es auch so etwas wie eine »Ganovenehre«. Überzeugender ist es demgegenüber, wenn die Personen feststellen, dass sie beide über einen gemeinsamen Kontext verbunden sind, der einen verpflichtenden Charakter hat: Die Gefangenen könnten »plötzlich« erkennen, dass sie ursprünglich von derselben Familie abstammen oder beide Mitglied der Mafia sind. Das würde die Tendenz, den anderen zu verraten, deutlich einschränken. Organisationen versuchen dies, indem sie nur »bestimmte« Mitglieder – beispielsweise einer Konfession oder mit einem spezifisch beruflichen, etwa sozialarbeiterischen, Habitus – einstellen. Manche Organisationen stellen nur Personen ein, die ihnen persönlich empfohlen wurden.

Erwartungskongruenz: Personen haben kein Interesse an Kooperation, solange sie nicht das Zutrauen in die andere Person haben, dass diese ebenso interessiert ist und kooperieren will. Arbeitsgruppen investieren eher in gemeinsame Aktivitäten, wenn es innerhalb der Kooperation ein gegenseitiges Zutrauen gibt. Dazu benötigen sie ein »gemeinsames Wissen«. Die Beteiligten müssen den Plan der anderen kennen, die auch kooperieren wollen, und alle müssen wissen, dass die anderen es auch von ihnen wissen. Dafür müssen Gelegenheiten geschaffen werden, es muss Raum und Zeit für den Austausch geben. Bekannt ist dies auch als »Tit for Tat-Strategie«.

Bindung: Vertrauensvolle Kooperation entwickelt sich überwiegend in Organisationen, die langfristig existieren und langfristige Bindung in Aussicht stellen, etwa unbefristete Verträge. In kurzfristigen Beziehungen gleichen die potenziell langfristigen Gewinne, welche aus einer gegenseitigen Kooperation entstehen könnten, die kurzfristigen Anreize, in einem sozialen Dilemma opportunistisch zu handeln, nicht aus. Wenn wir das »Prisoner's Dilemma« also unbefristet oft wiederholen, verändert sich der Gewinn-Verlust-Modus. Niklas Luhmann (1989, S. 39) nennt dies »Gesetz des Wiedersehens« im Sinne von: »Wenn ich dich morgen wieder treffe, kann ich dich heute noch nicht übers Ohr hauen«.

3.3 Gegenteil von Zutrauen: Zweifeln

Das Gegenteil von Zutrauen – um im Modell zu bleiben – ergibt sich aus derselben Handlungslogik: Es sind die Zweifel, die man am Gegenüber haben kann. Wenn nach einem Vorstellungsgespräch *bezweifelt* wird, ob eine bestimmte Person geeignet ist, so bezieht es sich zumeist auf das, was über sie aufgrund des Dossiers (der Zutrauens-Marker) bzw. des Gesprächs bekannt wurde. Um etwas in Zweifel ziehen zu können, muss man schon etwas wissen. Zweifeln heißt dann, dieses Wissen infrage zu stellen.

Wird man demgegenüber selbst in Zweifel gezogen, kann man immer noch sagen: »Die andere Person kennt mich eben nicht« oder »ich konnte meine Stärken nicht sichtbar machen.« Das entlastet und kann dazu führen, solche Anzweiflungen nicht ernsthaft weiterzuverfolgen. Insofern können bestimmte Dinge angezweifelt oder bezweifelt werden, ohne gleich die ganze Person oder Beziehung infrage zu stellen.

Auf der Ebene der Bekanntheit läuft die Interaktion zwischen zwei Personen auf einer eher kognitiv-distanzierten, aber durchaus tragfähigen Sachebene ab. Insbesondere in Organisationen ist ein solches Miteinander von Vorteil. Die Personen begegnen sich genau genommen nicht »persönlich«, sondern in Form ihrer organisationalen Rollen und Positionsbeschreibungen, wodurch das gegenseitige Zutrauen erleichtert wird. Organisationale Rollen können spezifiziert und sichtbar gemacht werden. Sie können von den Rollenträgern übernommen werden. Und wenn etwas nicht funktioniert, kann man das Rollenverhalten anzweifeln, ohne zugleich die ganze Person zu hinterfragen.

Insofern ist nicht Zutrauen gut und Zweifeln schlecht, sondern es sind wichtige Korrektive. Erstens um die Bilder, die man von sich nach außen sichtbar macht, immer wieder auf Tragfähigkeit zu kontrollieren: Ist mein damals erworbenes Wissen heute noch etwas wert? Würden dieselben Personen von früher auch heute noch für mich bürgen? Bin ich tatsächlich noch »committet« oder nur zu bequem zu gehen? Zweitens um das Niveau der Bekanntheit selbst immer wieder neu justieren und gegebenenfalls nach oben oder auch

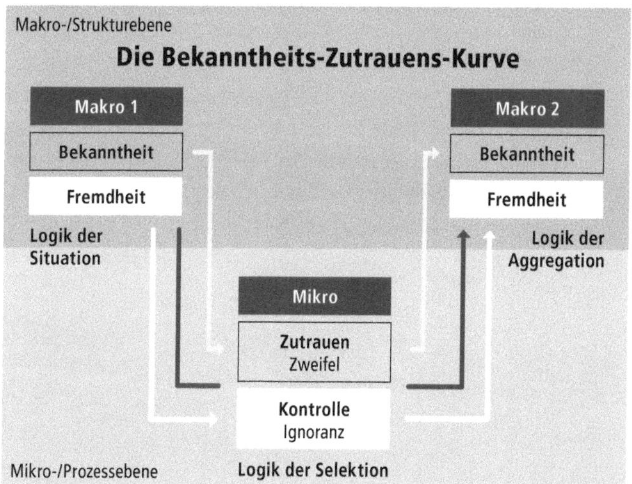

Abbildung 6: Die Bekanntheits-Zutrauens-Kurve

unten korrigieren zu können. Es ist nicht nur von Vorteil, zu viel voneinander zu wissen, insbesondere in Arbeitskontexten. Hierzu nochmals Luhmann: »Man kann Wissen zwar unerwartet gewinnen, aber man kann es nicht wieder wegwissen« (2000, S. 143). Auf einer Betriebsfeier unter Alkohol ein prekäres Geheimnis erzählt zu bekommen, kann für die weitere (nüchterne) Zusammenarbeit peinlich sein. Es tut gut, darauf zu achten, wie viel man seinem Gegenüber zutrauen kann und will und ob nicht hier und da auch Zweifel angebracht sind. In der oben gezeigten Abbildung 6 wird das Modell um die Bekanntheits-Zutrauens-Kurve ergänzt.

Zu viel Zutrauen – zu wenig Zweifel

Einer anderen Person etwas zutrauen bedeutet nicht, dass dieses Zutrauen in jedem Fall abgesichert und gerechtfertigt ist. Man ist nie davor gefeit, sich einander zu viel zuzutrauen. Dies zeigt das Beispiel der Flugzeugkatastrophe »Flug KLM 4805« am 27. März 1977[1]: Auf Teneriffa kollidierten zwei Boeing 747 auf der Startbahn und gingen in Flammen auf. 583 Menschen verloren dabei ihr Leben. Der Kapitän Veldhuyzen van Zanten (50 Jahre) traf die fatale Entscheidung zum Start, ohne die Freigabe abzuwarten. Sein Erster Offizier Klaas Meurs (32 Jahre), der keineswegs unerfahren war, erkannte diesen Fehler, aber stoppte den Kapitän dennoch nicht. Sehr verkürzt lässt sich zusammenfassen, dass der Erste Offizier es sich nicht vorstellen konnte, dass der so erfahrenen Kapitän nicht wusste, was er tut. Van Zanten war unter anderem Chef des Piloten-Trainings. In dieser Funktion hatte er auch Meurs den Checkflug für die Fluglizenz auf der Boeing 747 abgenommen. Wie sollte man auf die Idee kommen, eine solche Koryphäe in Zweifel zu ziehen?

1 https://de.wikipedia.org/wiki/Flugzeugkatastrophe_von_Teneriffa (Zugriff am 8.11.23).

3.4 Praxisbezug: Zusammenarbeit unter Bekanntheit

Kooperation unter Bekanntheit – Führen mit Auftrag als Zutrauensbeweis

In Kontrollorganisationen werden die Vorgehensweisen für die Erreichung der Hauptziele ebenso vorgegeben wie die der Nebenziele. Es gibt genaue Angaben, wie etwas abzulaufen hat. In dieser Kontrolllogik bleibt kaum Spielraum für die Anwendung eigener Ideen, selbst wenn der vorgegebene Ablauf nicht mehr sinnvoll ist, weil sich der Markt oder die Umweltbedingungen ändern oder ein anderer Weg funktionaler wäre.

Wenn ein Team den Wunsch äußert, dass man ihm mehr vertrauen sollte, ist damit meist gemeint, dass dem Team mehr Zutrauen in Entscheidungsräumen des täglichen Tuns zugestanden werden sollte. Das Team möchte, dass die Führungskraft nicht alles im Detail »befiehlt«, sondern Spiel- und Gestaltungsraum lässt, um den Auftrag auch auf einem anderen Weg zu erreichen. Mit einem Auftrag kreativ umzugehen, heißt, etwas ausprobieren zu können, ohne gleich wieder zurückgepfiffen zu werden, auch wenn es für die Führungskraft riskant ist, weil der Erfolg in ihren Augen nicht »garantiert« werden kann.

»Jemandem etwas zutrauen«, bedeutet dann, dass die Führungskraft ihren Mitarbeitenden beispielsweise für sechs Wochen freie Hand lässt. Es wird nicht auf Nebenziele oder kürzere Meilensteine geachtet, es sei denn, das Team selbst stellt fest, dass es bei den Hauptzielen nicht mehr auf Kurs ist und um eine genauere Analyse bittet. Sollte es klare positive Effekte geben, könnte die Freiheit ausgeweitet und auch auf andere Teams übertragen werden.

»Das Task-Force-Team« – verlässliche Zusammenarbeit unter Bekanntheit

Nehmen wir als Ausgangslage Operationsteams in einem grossen Spital. Aufgrund diverser Schichtpläne müssen solche Teams flexibel kombinierbar sein. Die Herausforderung besteht darin, dass ein OP-Team personell und hierarchisch mit unterschiedlichen Disziplinen durchmischt ist, bestehend aus Chirurgie, Anästhesie und Pflegefachkräften. Mitunter fehlen langfristige Bindungen und die Teammitglieder können nicht auf eine gemeinsame Vergangenheit zurückblicken. Frage: Wie können unter diesen Bedingungen Bekanntheit und Zutrauen entstehen?

Die Lösung: Die Kooperationspartner werden anhand ihrer organisationalen Rollen und Positionen zugewiesen. Das »Bekanntheitsniveau« etabliert sich in erster Linie mithilfe einer stabilen rollenförmigen Zusammenarbeit innerhalb eines organisationalen Kontextes: In einem Universitätsspital traut man sich gegenseitig die jeweiligen Kompetenzen zu und vertraut darauf, dass sich alle Beteiligten an die jeweilige »Choreographie« halten. Das funktioniert mal besser und mal weniger gut – und selbstverständlich spielt es trotz des hohen Grades an Professionalisierung eine Rolle, ob die konkreten Personen des Teams sich besser kennen und einander zugewandt sind, oder eher seltener in Beziehung sind. Allerdings ist es angesichts der organisationalen Anforderungen kaum möglich, auf zu viel Persönlichkeit und Bekanntheit Rücksicht zu nehmen. In manchen Texten wird bei dieser Art von Vertrauen von »Swift Trust« oder von »schnellem Vertrauen« ohne Initiierung von vertrauenswürdigen Handlungen gesprochen. Eine solche Definition stimmt allerdings nur zur Hälfte. Es ist zwar zutreffend, dass die Personen schnell »kognitives« Zutrauen zueinander fassen müssen, die Vertrauenswürdigkeit muss aber im Vorfeld mithilfe der »Zutrauens-Marker« etabliert worden sein – und das braucht seine Zeit. Auf unser Modell übertragen heißt das, dass die Bekanntheit vor allem organisational (»Logik der Situation«) sowie über kognitive Anteile (»Logik der Selektion«) erzeugt wird: Es braucht klare Rollen, Positionen, Qualifikationen und Kompetenzen und die Zutrauens-Gabe ist an die Glaubwürdigkeit und Verlässlichkeit der Organisation gebunden.

4 Handeln unter Vertrautheit – Vertrautheits-Vertrauens-Kurve

> »Vertrauen besteht darin, zu empfinden, dass man, sich selbst zum Trotz, dem anderen überlassen hat, was nur für einen selbst bestimmt war.«
> (frei nach Valéry 1992, S. 109 – wobei im Original »Liebe« statt »Vertrauen« steht; Anm. d. Verf.)

Wie wir in Kapitel 3.2 der »Zutrauens-Entscheidungen« gesehen haben, ist es zweckmäßig, die Person, die das Zutrauen »vergibt« und damit ein Risiko eingeht (Zutrauens-Geber), von derjenigen zu unterscheiden, die das Zutrauen »nimmt« (Zutrauens-Nehmerin). Allerdings ist es oftmals uneindeutig, wer genau welches Risiko eingeht. Nehmen wir als Beispiel einen Veränderungsprozess: Sowohl Führungskräfte als auch Mitarbeitende gehen währenddessen Risiken ein. Je mehr beide Seiten einander zutrauen, desto größer ist die Wahrscheinlichkeit, dass diese Risiken auch gemeinsam getragen werden. Dies ist beispielsweise dann der Fall, wenn Mitarbeitende ihren Führungskräften zutrauen, dass die Automatisierung bestimmter Arbeitsabläufe nicht zum Verlust von Arbeitsplätzen führt oder dazu, dass durch das Sammeln von Daten (zum Beispiel durch Leistungs- und Zeiterfassungssysteme, Messenger-Nachrichten, GPS-Daten) Persönlichkeitsrechte verletzt werden.

Wenn die Führungskräfte ihren Mitarbeitenden Zutrauen schenken, indem sie ihnen weitreichende Handlungsspielräume zugestehen, etwaige Fehler als Lernchance konnotieren und gemachte Zusagen auch unter schwierigen Umständen einhalten, dann gehen sie davon aus, dass diese ihrerseits anstehende Herausforderungen mit ihren Kompetenzen unterstützen. Das Zutrauen der Führungskraft in die Mitarbeitenden fördert das Gefühl der Sicherheit in Bezug auf die Arbeit und den Arbeitsplatz und erhöht gleichzeitig deren Autonomieerleben. Aus Sicht der Führungskraft ermöglicht das Zutrauen die Koordination komplexer organisatorischer Handlungen, zu denen sie ohne eine positive Erwartungshaltung an die Mitarbeitenden nicht imstande wäre.

Wenn Personen sich in dieser Art gegenseitig etwas zutrauen, kann sich daraus ein Kreislauf aus Erwartung, Aufmerksamkeit, Bestätigung und Beruhigung entwickeln. Wenn dieses »Sich-aufeinander-Einlassen« nicht mehr nur ein rein funktionaler Ablauf ist, dann spielen auch persönliche Affekte wie Freude, Stolz, Angst und Hoffnung mit hinein. Diese Affekte regulieren nicht nur die Zutrauens-Beziehung – sie entstehen in ihr und durch sie. Die Personen erleben nicht nur etwas gemeinsam, sondern sie beobachten auch, dass sie gemeinsam etwas tun und wie sie das tun. Über die Zeit hinweg können dadurch Freude oder Wärme im Sinne einer höheren kooperativen Ordnung entstehen. Die Personen bilden Motivationen und Erwartungen aneinander aus und wissen um diese. Die Wahrscheinlichkeit ist groß, dass sie auch weiterhin versuchen werden, Erwartungen angemessen zu realisieren. Ist ein solcher Zustand noch der der Bekanntheit oder ist das schon Vertrautheit?

4.1 Vertrautheit

Religion und Tradition waren lange Zeit die Institutionen, die auf der Makroebene für Vertrautheit sorgten. Sie deuteten für die Bevölkerung, was wahr oder unwahr, gerecht oder ungerecht war. Die Komplexität der Welt wurde so weit reduziert, dass sie für die Einzelnen erfassbar und bearbeitbar war. Eine solche Vertrautheit regelte das Zusammenleben und schuf dadurch den »Kitt vormoderner Sozialordnungen«, wie Anthony Giddens (1996, S. 122) sagt. In einer solchen Welt brauchte es allerdings kein »Vertrauen«. Zumindest nicht in unserem heutigen Verständnis, in dem wir dieses als riskante Entscheidung ansehen, bei der man sich nie ganz sicher ist. Man war voller Zuversicht oder Hoffnung oder es dominierte die Gewissheit des »So-Seins«!

So ist das deutsche Wort »Vertrauen« in seiner heutigen Verwendung als riskante Entscheidung erst seit dem 16. Jahrhundert bekannt (Weltecke 2003, S. 67 ff.); es geht ursprünglich auf das gotische »trauan« zurück. Das Wort »trauen« wiederum gehört zu der Wortgruppe um »treu«, »stark« und »fest«. Im Griechischen steht dafür πίστις (*pistis,* »Glaube«), im Lateinischen *fides* (Treue). So steht im antiken und mittelalterlichen Gebrauch Vertrauen im Spannungsfeld von Treu und Glauben, Gehorsam und Loyalität. Das ist dann auch der Stoff, aus dem die Tragödien sind – die Heldinnen und Helden des Altertums (Antigone, Ödipus, Achilles) waren nicht deswegen »tragisch«, weil sie sich falsch entschieden haben, sondern weil sie gar keine Wahlmöglichkeiten hatten, ihrem vorbestimmten Schicksal zu entgehen. So etwas wie »individuelle Wahlhandlungen« spielten nur insoweit eine Rolle, als sie in das Ganze eingebunden und für das Ganze dienlich sind.

Unter dem Fokus einer solchen Vergemeinschaftung ist nicht Egoismus, wie beim Homo oeconomicus unter Fremdheit der Leitgedanke, sondern Altruismus im Sinne von Sittlichkeit und Verpflichtung gegenüber der Gemeinschaft. Der »Homo sociologicus« (Dahrendorf 2006) ist das über-sozialisierte gesellschaftliche Wesen: Man ist anerkannt durch das, was man für die Gemeinschaft tut, und soweit man die Normen und Gesetze erfüllt. Wer dieser heiligen Ordnung nicht folgt oder sie gar infrage stellt, ist nicht lediglich ein Ignorant oder eine Zweiflerin. Derartige Zweifel entfalten ihre zersetzende Kraft dadurch, dass sie die Dinge von Grund auf infrage stellen. An der vertrauten Situation zu zweifeln, bedeutet, dem ganzen System zu misstrauen, »treulos« und »ungläubig« zu sein – und dadurch die gesamte Ordnung zu bedrohen.

Eine solch rigide Vertrautheit erscheint in heutiger Zeit nicht per se erstrebenswert, dennoch kennen auch wir, insbesondere in Beziehungen, das Bedürfnis nach einem Gemeinschaftsgefühl, sodass das Ganze mehr ist als die Summe seiner Teile. Die gemeinsame vertrauensvolle Beziehungserfahrung sollte über die individuellen Bewusstseinsverfassungen hinausführen. Es geht um die Emergenz eines neuen dyadischen oder kollaborativen Systems, dessen Personen für diesen Moment nicht nur Individuen, sondern Komponenten einer höheren kooperativen Ordnung sind. Das Prinzip ist dasselbe: Sie haben Erwartungen aneinander, wissen um diese Erwartungen und haben ein Interesse daran, sie angemessen zu realisieren. So entsteht Vertrautheit. Und wenn wir dies als Definition von Vertrautheit voraussetzen, dann ist das »soziale Kapital« das »Material«, aus dem die Vertrautheit besteht.

4.2 Beziehungsarbeit als sozialer Tausch

»Du kennst mich nicht – also mach mir auch keine Geschenke!«
(Familienweisheit, Anm. d. Verf.)

Eine naheliegende Assoziation zum Begriff des Kapitals ist die des Geldes als *dem* Kapital schlechthin. Bringt man Vertrauen oder auch Vertrautheit mit der Terminologie des Kapitals zusammen, dann scheint es den Geschmack des Käuflichen und damit Ordinären zu bekommen (man denke nur an die käufliche Liebe).

Der primär ökonomisch orientierte Kapitalbegriff der Wirtschaftstheorie reduziert die Gesamtheit gesellschaftlicher Austauschverhältnisse auf den bloßen Warentausch mithilfe ökonomischen Kapitals. Dieser Tausch findet auf einem – mehr oder weniger perfekten – Markt statt. Bezieht man dieses ökonomische Gesetz des Marktes unmittelbar auf soziale Austauschbeziehungen, dann besagt es, dass das, was man hat oder was man verdient, vollkommen bestimmt, was man wert ist und wer man ist. Ein solcher ökonomischer Kapitalbegriff zeichnet sich durch seine Unmittelbarkeit, vollständige Bestimmbarkeit und direkte Konvertierbarkeit in Geld aus. Der Tausch kann 1:1 stattfinden und ist damit auch schon beendet – willkommen in der Welt des Homo oeconomicus!

Demgegenüber funktioniert sozialer Tausch vollkommen anders. Er ist lange nicht so eindeutig bestimmbar und hoch voraussetzungsreich: Nehmen wir als einen Prototyp des sozialen Tauschs die Nachbarschaftshilfe: Ich ziehe neu in eine Wohnung ein und meine Nachbarin bietet mir mit einem herzlichen Lächeln ihre Hilfe an. Sollte sie nicht zufällig professionelle Malerin auf der Suche nach einem Job sein, gilt hierbei: Es werden keine ökonomischen Waren sondern »Gaben« getauscht, deren Wert sozial interpretiert werden muss. Das heißt, der Wert darf nicht genau spezifiziert werden, sondern muss diffus bleiben. Wenn meine Nachbarin mir beim Renovieren hilft, darf ich ihr nach getaner Arbeit keinen Stundenlohn auszahlen – das wäre kränkend.

Sozialer Tausch ist der Tausch von persönlicher Anerkennung

Beim sozialen Tausch geht es nicht allein um die faktische Unterstützung und somit um die Frage, *ob* mir meine Nachbarin beim Renovieren hilft, sondern es geht darum, *dass* sie es tut, dass sie es *für mich* tut, und dass sie es *mit Freude* für mich tut. All das lässt sich preislich nicht bestimmen, da es keine faktischen oder objektiven Bewertungsmaßstäbe für »persönliche Bedeutsamkeit« gibt.

Das ist im Übrigen auch der Grund, warum man von Geschenken den Preis entfernen sollte. Der Wert des Geschenks liegt in der persönlichen Anerkennung: »Sieh her, so sehr habe ich mir Gedanken um dich gemacht! Ich habe versucht, mich in dich hineinzuversetzen und darüber nachgedacht, was dir wohl gefallen könnte, sodass ich auf genau dieses Geschenk gekommen bin! Es würde mich sehr glücklich machen, wenn ich damit deinen Geschmack getroffen habe und dir eine Freude bereite!«

Sollte ich jemandem lediglich fünfzig Euro in einen Briefumschlag gesteckt haben, verlieren diese Worte ihren Sinn. Natürlich kann es auch in diesem Fall möglich sein, dass der Schenker eines Geldgeschenkes oder Gutscheins darüber ebenfalls persönliche Anerkennung ausdrücken und eine Freude bereiten will, und selbstverständlich ist der Satz richtig: »Wenn du mir Geld schenkst, kann ich mir das kaufen, was ich benötige und was mir nützlich ist.« Allerdings steht beim sozialen Tausch nicht der Pragmatismus im Vordergrund, sondern das An-das-Gegenüber-Denken sowie die persönliche Anerkennung.

Es geht um eine Form von »sozialer Interpretation« für die zwei Regeln gelten: Erstens die sogenannte »Reziprozitätsregel«, wonach ich mir eine »sozial ebenbürtige Erwiderung« ausdenken sollte. Zweitens gilt die »Solidaritätsregel«, dass ich mich meinerseits auch »verpflichtet fühlen« muss, dieser »sozialen Schuld« nachzukommen, da nur darüber Stabilität entsteht. Mit anderen Worten: Es geht um ein Schuldanerkenntnis ohne Titel und Vertrag, was nichts anderes ist als Anerkennung dessen, was mein Gegenüber freiwillig für mich getan hat.

Was beim sozialen Tausch alles schiefgehen kann

Konformismus:

Die Reziprozitätsregel bedeutet, dass, wenn ich schon keine handwerklichen Fähigkeiten habe, oder die Wohnung meiner Nachbarin bereits renoviert ist, ich mir etwas anderes einfallen lassen muss, was dem Aufwand meiner Nachbarin »gerecht« wird.

Dabei kommt es weniger darauf an, dass ich mich korrekt und »konform« verhalte, als darauf, dass das Gegenüber erkennt, dass ich mich mit ihr oder ihm beschäftigt habe, dass ich mir Gedanken gemacht habe, was er oder sie wohl benötigen könnte und womit ich gleichfalls eine Freude bereiten kann. Vielleicht gebe ich als Erwiderung ein Hauskonzert.

Überbordende Geschenke:

Hierbei handelt sich um sogenannte »supererogatorische Leistungen« (Luhmann 1989, S. 45). Das sind Geschenke, die weit über das sozial erwartbare Maß hinausgehen und das Gegenüber eher beschämen als freuen, zum Beispiel ein sündhaft teurer Wein, der zu einer Einladung zum Essen mitgebracht wird. Obgleich eine solche Leistung niemand einfordern würde oder einfordern kann, erzeugt sie dennoch und gerade deshalb (fesselnde) Ansprüche auf Dankbarkeit, der man sich nur schwer entziehen kann: »Was kann ich tun, wenn ich diese große soziale Schuld spontan nicht begleichen kann?« Dagegen hilft nur, im Stadium des noch freiwilligen Charakters der Beziehung, die Mitwirkung taktvoll zu versagen und das Geschenk gegebenenfalls *nicht* anzunehmen. Das mag sich sehr kompromittierend anhören, aber die Kompromittierung begann bereits auf Seiten der schenkenden, nicht der beschenkten Person!

Übertrieben taktvolles Verhalten:
Takt bedeutet, die Selbstdarstellung des Gegenübers in der Kommunikation nicht zu verletzen. Die taktvoll handelnde Person kooperiert dabei mit der taktvoll behandelten Person, die sich allerdings nicht anmerken lassen darf, dass sie sich taktvoll behandelt fühlt, weil sonst die nötige Fiktion auffliegt: Wenn ich beispielsweise eine unpassende oder fast schon beleidigende Bemerkung mache, und mein Gegenüber so tut, als hätte sie es nicht bemerkt, dann gibt sie mir die Chance, meine Selbstdarstellung zu korrigieren, ohne mich bloßzustellen und beschämen zu müssen. Taktvolles Verhalten ist ein lebendiger und schwieriger Prozess: Wer allzu gekonnt und trainiert taktvoll ist, kann leicht taktlos erscheinen.

Vertrautheit, der man nicht gewachsen ist:
Von Großadmiral Alfred von Tirpitz stammt das Diktum: »Leichte Ungnade ist das günstigste Verhältnis zum Monarchen« (zit. nach Luhmann 1989, S. 47). All diejenigen, die schon einmal einer anderen Person »rechte Hand« waren, wissen, was es heißt, diesem Vertrauen gerecht werden zu müssen. Insbesondere in Beziehungen, die von struktureller Ungleichheit gekennzeichnet sind, kann »zu viel Gnade« zu einer Bürde werden: Das Lieblingskind der Eltern, der Protegé vom Chef – man gehört sich nicht mehr allein. Das kann Fluch und Segen zugleich sein. Drum prüfe, welcher Vertrautheit man standhalten kann und gewachsen ist und wo Fremdheit eine Chance sein kann.

Wenn wir zurück zu unserem Modell kommen, können wir festhalten, dass soziales Kapital durch gelungenen sozialen Tausch entsteht. In Form der »Coleman'schen Badewanne« lässt sich das wie folgt definieren:

1. Wenn die »Logik der Situation« Voraussetzungen schafft, sich potenziell zutrauens- bzw. vertrauensvoll aufeinander einzulassen (man kommt neu in eine Nachbarschaft oder hat die Perspektive auf ein stabiles Team),
2. dann ist es plausibel, dass sich die Personen im Sinne der »Logik der Entscheidung« auf einen sozialen Tausch einlassen und in eine riskante Vorleistung gehen (die Nachbarschaft hilft »selbstlos« beim Umzug, ein Teammitglied springt »ungefragt« für ein anderes ein). In diesem Sinne ist jede Zutrauens- oder Vertrauensentscheidung eine Form von sozialem Tausch.
3. Indem wir uns wechselseitig auf diese Form von sozialem Tausch einlassen (die Nachbarschaftshilfe wird erwidert, die kollegiale Unterstützung gebührend gewürdigt), entsteht ein Netz von gegenseitiger Verpflichtung und Erwartung. Aus diesem Stoff besteht wiederum das soziale Kapital und infolgedessen wird sich als »Logik der Aggregation« das soziale Kapital »vermehren«, sodass Bekanntheit entsteht. Je weiter diese anwächst, desto mehr kann sie zur Vertrautheit werden.

4.3 Soziales Kapital

Nach einer Definition von Pierre Bourdieu (1983) lässt sich dieses »soziale Kapital« genauer bezeichnen. Für ihn ist das soziale Kapital die »Gesamtheit der aktuellen und potentiellen Ressourcen, die mit dem Besitz eines dauerhaften Netzes von mehr oder weniger institutionalisierten Beziehungen gegenseitigen Kennens oder Anerkennens verbunden sind; oder anders ausgedrückt, es handelt sich dabei um Ressourcen, die auf der Zugehörigkeit zu einer Gruppe beruhen« (S. 190).

Gemäß dieser Definition lassen sich vier »Zutaten« für das soziale Kapital ableiten, wie sie auf der nachfolgenden Abbildung 7 zu sehen sind und im Anschluss im Einzelnen genauer erklärt werden. Um dieses Konstrukt besser fassen zu können, soll die Metapher des »Fasses« als Behälter des sozialen Kapitals dienen. Immer dann, wenn gemeinschaftliche Aktionen gelingen, füllt sich das Fass.

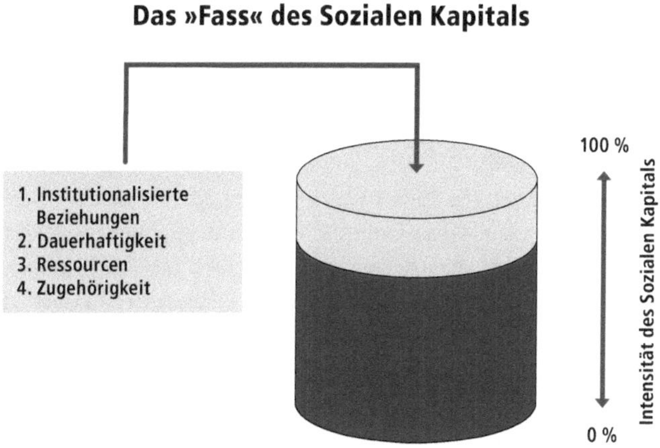

Abbildung 7: Das »Fass« des sozialen Kapitals

1. Institutionalisierte Beziehungen

Was bedeutet es, wenn Beziehungen institutionalisiert sind? Ein schönes Beispiel ist der Begriff »Institution Ehe« – dieser sagt etwas darüber aus, wie sich Gesellschaften geeinigt haben, das Zusammensein eines Paares unter eine (gesetzlich fundierte) Regelhaftigkeit zu stellen. Gleichsam wie in der Religion geben Beziehungen, die zu Institutionen geworden sind, und die sich darin widerspiegelnden Rollen, Antworten auf existenzielle Fragen: Warum bestehen wir und wie gestalten wir unser Zusammenleben? Die Beziehungsstruktur ist nicht mehr zufällig, sondern in großen Teilen vorgegeben, erwartbar und mitunter auch restriktiv.

Damit Personen Zutrauen oder Vertrauen erwerben können, müssen sie sich erwartbar machen. Sie müssen schauen, ob und wie sie eine Rolle bekleiden und die Beziehungen leben wollen. Man wählt oder erhält eine Rolle und macht sich gegenüber seiner Umwelt »sicht- und erwartbar«. Infolgedessen muss man dieselbe Person bleiben, die man zu sein vorgegeben hat. Rollen begrenzen einen Spielraum der Möglichkeiten, aber erst durch diese Begrenzung, durch das gegenseitige Versprechen auf Selbigkeit wird es möglich, gemeinsam soziales Kapital aufzubauen. Oder wie man im Sinne von Bert Hellinger (1995) sagen würde: Wer einen Platz hat, hat auch Grenzen.

2. Dauerhaftigkeit

Wie lange dauert eine Dauer? Wo fängt sie an, wo hört sie auf? Diese Fragen zielen am Wesen vorbei. Die Dauer bezeichnet etwas Fortwährendes, sie hat keine Begrenzung, da sie sonst nur eine Frist wäre. Familiäre Bande zeichnen sich durch eine genealogische Dauerhaftigkeit aus, die nicht wählbar ist – »Blut ist dicker als Wasser«. In Bourdieus Definition heißt es: Soziales Kapital ist verbunden mit dem Besitz eines *dauerhaften* Netzes von Beziehungen. Dauerhaftigkeit kann dann empfunden werden, wenn zeitliche Begrenzung keine Rolle spielt. Es darf keinen Schlusspunkt geben (die Sakramente Taufe, Firmung, Ehe und Weihe der katholischen Kirche können nur einmal empfangen werden und man wird sie sein Leben lang nicht mehr los). Demgegenüber machen alle Befristungen es schwer, sich auf das Gefühl der Dauer einzulassen: Zeitarbeit, Werkverträge, befristete Arbeitsverträge erschweren die Entwicklung von Vertrautheit. Ein Leben in Befristungen ist ein Leben in Vorläufigkeit. Demgegenüber ist der Preis für die Dauer Unveränderlichkeit und relative Inflexibilität.

3. Ressourcentausch

Im Roman »Stiller« von Max Frisch (1973) heißt es gegen Ende des »dritten Heftes«: »In dem Augenblick, wo zwei Partner glauben, einander sicher zu sein, haben sie sich meistens schon verloren« (S. 199). Auch Sicherheit ist ein zweischneidiges Schwert, sie kann als Verlässlichkeit, aber auch bloße Gewohnheit und erstarrte Routine angesehen werden. Soll demgegenüber soziales Kapital lebendig bleiben, so muss es umgesetzt, gebraucht und gepflegt werden. Es kann nur durch fortgesetzte Handlungen des gegenseitigen Gebens und Nehmens für die Zukunft erhalten werden. Soziales Kapital nutzt sich nicht ab, wenn es in Gebrauch ist, sondern es erfährt eine Entwertung, wenn es als leblose Konstante missverstanden wird.

4. Zugehörigkeit

Das Phänomen der Zugehörigkeit lässt sich anhand von drei Kriterien gut definieren: Es braucht Anbindung, Gemeinsamkeit und Gegenseitigkeit. (1) Es gibt viele Aufnahmerituale, um eine formelle Anbindung zu signalisieren: Taufe, Jugendweihe, Einstands-Apéro, Gelöbnis, Vereidigung und so weiter. Diese Zeremonien machen als »äußerliche« Rituale deutlich, dass man sich nicht mehr allein gehört. (2) Gemeinsamkeit bedeutet, wahrzunehmen, dass man an der gleichen Aufgabe beteiligt ist und sich damit identifiziert. Man gehört zu einer kollektiven Identität, in der sich äußerlich sichtbare Zugehörigkeit und das Binnengefühl der Zusammengehörigkeit wechselseitig bedingen. (3) Der Aspekt der Gegenseitigkeit schließlich bezieht sich auf das Einverständnis gegenüber den Regeln der Reziprozität und Solidarität (siehe sozialer Tausch), bezogen auf gegenseitige Leistungen und das Anerkennen gegenseitiger Verpflichtungen. Auch das ist restriktiv: Das Aufgehobensein in der Gemeinschaft geschieht um den Preis weitreichender Zugeständnisse: Kollektive Rechte genießt man zum Preis kollektiver Pflichten.

Bekanntheit und Vertrautheit bestehen aus diesen Zutaten sozialen Kapitals, dennoch gibt es kein eindeutiges Rezept! Der Prozess ist nicht mechanisch implementierbar oder formalisierbar. Im Gegenteil, ein zu gewollt »kumpelhafter«, vertrauter, vertraulicher Umgang weckt eher Zweifel. Bekanntheit ebenso wie Vertrautheit entwickeln sich als ein rekursiver Prozess in Formen des sozialen Tauschs. Die Personen handeln und überprüfen immer wieder neu, welche Risiken sie bereit sind, zu tragen, und mit welchen Ideen, Diagnosen, Kompetenzen und Ressourcen sie unter welchen Umständen welche

Erfahrungen machen. Je häufiger sie dies tun und je besser es ihnen gelingt, desto mehr füllt sich das Fass.

Allerdings ist auch dieser Zustand nicht per se richtig oder erstrebenswert. Das Ziel lautet nicht, das Fass um jeden Preis komplett zu füllen. Je stärker die Vertrautheit wird, desto grösser die Gefahr, dass es *zu* vertraut wird, weil sich zugleich Routinen und Gewohnheiten einschleichen und etablieren. Herrscht in einem Team eine gute Bekanntheit kann es Gruppenmitglieder zur Partizipation und zum »Beitrag des Eigenen« motivieren. Zu viel Erwartbarkeit und Sicherheitsgefühl, zu viel moralische Verpflichtung und Gemeinschaftsdruck können lähmend für die geistige Beweglichkeit sein, oder auch eine sektiererische Enge erzeugen, in der bereits das »Andersdenken« als Bedrohung empfunden wird. So kann der Preis für zu viel Vertrautheit Filz, Seilschaften, Koalitionsklüngel oder auch »Groupthink« sein (vgl. Geramanis 2020). Für ein lebendiges Miteinander gilt stets, wechselseitig Grenzen zu respektieren und Grenzen zu setzen.

Folgerungen aus der »Metapher des Fasses«

Es ist kaum möglich, dieses Fass ganz dicht zu bekommen. Um eine »vollkommen geschlossene Beziehung« zu haben, bräuchte es einen kompletten Ausschluss der Außenwelt und eine quasisymbiotische Fokussierung nach innen. Diktaturen versuchen dies auf Gesellschaftsebene, Sekten, Geheimbünde, Logen oder mafiöse Organisationen auf Gemeinschaftsebene. Sollte das Fass eine Zeit lang unbenutzt herumstehen, sollte es zu keinem Ressourcentausch, zu keinem Beziehungsaustausch kommen, wird die Füllmenge verdunsten und das soziale Kapital damit abnehmen.

Ein normales Fass ist nie ganz dicht, sondern es leckt hier und da. Wie die undichten Stellen aussehen, wie der Wasserstand des Fasses kontrolliert, gegebenenfalls auch korrigiert oder willentlich zerstört werden kann, stellt eine Frage der sozialen Kontrolle dar, die im nächsten Abschnitt besprochen wird.

Über wie viel soziales Kapital verfügt mein Team/meine Organisation?

Anhand der vier Zutaten lässt sich prüfen, wie ausgeprägt die vier Dimensionen in der Organisation vorhanden sind bzw. wie sehr das Fass gefüllt ist.

(1) Wie institutionalisiert sind die Beziehungen bzw. mit wie viel Sicherheit können Erwartungen aneinander gerichtet werden?
In der Logik des Modells gibt es zwei Möglichkeiten: Im Sinne des Zutrauens kann Erwartbarkeit mithilfe der »Zutrauens-Marker« erreicht werden. Typischerweise bekleiden die Personen bestimmte organisationale Positionen. Je eindeutiger und erwartbarer Rollen, Aufgaben und Verantwortlichkeiten sind, desto sicherer kann man in deren Rahmen agieren und mit anderen kooperieren. Solange eine klare Rollen- und Positions-Orientierung gegeben ist, herrscht auch Klarheit darüber, dass es nicht allzu persönlich wird, und man kein »zu intimes Vertrauen« zu erwarten hat. Sollten diese Marker nicht zur Verfügung stehen, weil die Organisation gerade neu entsteht oder davon absieht, allzu spezifische Tätigkeits- oder Aufgabenbeschreibungen zu erlassen, dann werden sich die Personen weniger in ihren Rollen, sondern eher als Personen erwartbar machen müssen: Was zeichnet sie persönlich aus? Was wollen sie persönlich und was nicht?

(2) Welche Formen von Dauerhaftigkeit will und kann sich die Organisation leisten?
Wie ist die Organisation ausgerichtet? Ist sie als Aktiengesellschaft an der Börse oder nicht? Ist es ein Familienunternehmen mit längerer Generationenfolge oder ein neu gegründetes Start-up? Geht es um kurzfristige Gewinne oder um das Sicherstellen einer bestimmten Leistung?

Wie sind die Arbeitsbedingungen? Wie sicher ist der Job? Gibt es befristete oder unbefristete Verträge? Ist es eine Hire-and-Fire-Organisation? Darf man über mehrere Jahre auf einer Position verweilen oder muss man alle zwei Jahre den Tätigkeitsbereich wechseln?

Wie sicher sind Teamkonstellationen? Haben die Mitglieder Zeit, einander kennenzulernen, haben sie einen sicheren Platz oder ändert sich die Zusammensetzung ständig? Haben längerfristige Absprachen und ein kollegiales Wort einen Wert oder gilt es vor allem, die richtige Gelegenheit zu ergreifen?

(3) Haben die Mitarbeitenden im Sinne des Ressourcentauschs miteinander zu tun?
Ist ihre Arbeit miteinander verzahnt oder arbeiten sie individuell vor sich hin? Ist in den Teams echte Kooperation nötig, weil die Arbeit so komplex ist, dass sie allein nicht zu bewerkstelligen ist, oder ist die Rede vom Team nur Folklore, weil sich die Arbeit weitgehend autonom bewerkstelligen lässt, sodass es zu keinem Austausch kommt? Haben die Mitglieder die Möglichkeit, persönlich miteinander zu kommunizieren und zu interagieren, so dass es ihnen möglich ist, Kritik sowohl sachlich als auch emotional zu äußern, oder geht man jeder Form von »näherem Austausch« sofort aus dem Weg?

(4) Herrscht Zugehörigkeit gemäß Anbindung, Gemeinsamkeit und Gegenseitigkeit?
Hier ist zu prüfen, inwieweit die Personen an Prozessen der Reziprozität und Solidarität interessiert sind und ob die Organisation diese Prozesse unterstützt und belohnt und nicht durch Ökonomisierung konterkartiert.

Je nachdem, wie ausgeprägt die Dimension vorhanden ist, wird auf das gemeinsame soziale Kapital eingezahlt oder nicht. Je höher der Pegel ansteigt, desto eher herrscht eine Kultur der Bekanntheit oder Vertrautheit. Im Umkehrschluss bedeutet dies, dass – je leerer das Fass ist – Fremdheit die Beziehungen bestimmt.

Beziehungen in Teams sind grundsätzlich Arbeitsbeziehungen. Das gegenseitige Zutrauen beruht auf einer guten Bekanntschaft, die auf gemeinsamen Aufgaben, Absprachen und Verträgen basiert. Selbstverständlich gibt es in Teams auch freundschaftliche und vertrautere Beziehungen. Sie sind aber keine Voraussetzung für eine gute Teamzusammenarbeit.

4.4 Soziale Kontrolle

Unter dem Zustand der Fremdheit wurde Kontrolle als *eine* Möglichkeit zur Koordination von ökonomischer Arbeit beschrieben. Wenn an einem Fließband pro Stunde vierzig Teile produziert werden sollen, lässt sich leicht kontrollieren, ob diese Zahl erreicht wurde oder nicht. Dazu braucht es weder Zutrauen noch Vertrauen. Je nach Fluktuationsrate am Band herrschen Fremdheit und Anonymität, weil die Fließbandmannschaften sowieso kaum soziales Kapital anhäufen können oder müssen.

Ab dem Moment, an dem Zutrauen ins Spiel kommt, nimmt die ökonomische Kontrolle ab. Wenn ich mich darauf verlasse, dass eine Person integer ist, weil jemand anderes für sie bürgt, entscheide ich mich dazu, das Risiko auszublenden, dass diese Person potenziell auch unzuverlässig sein könnte. Damit wird allerdings die Kontrolle nicht vollkommen aufgegeben. Es hat sich lediglich die »Kontrollform« verändert: Von der Sachkontrolle zur Beziehungskontrolle bzw. von der formalen, ökonomischen zur informalen, sozialen Kontrolle.

Das ist sehr voraussetzungsreich! Damit soziale Kontrolle funktioniert, muss das Fass mit sozialem Kapital angefüllt sein. Die Personen, die darüber erreicht werden sollen, müssen bereits in die Gemeinschaft integriert worden sein, sonst funktioniert es nicht! In diesem Verlauf der Sozialisation werden einerseits Werte, Normen, Ansichten und Ziele vermittelt und andererseits die impliziten Regeln der spezifischen Gemeinschaft. Die Zugehörigkeit und die Bedeutsamkeit der Zugehörigkeit zu eben dieser Gemeinschaft via Reziprozität und Solidarität soll opportunistisches Verhalten verhindern und durch gegenseitigen Austausch soziales Kapital in Form von Bekanntheit bzw. Vertrautheit schaffen. Kontrolliert wird, *ob* die beteiligten Personen bereit sind, sich den Regeln zu unterwerfen, die auf dem Ideal der Gemeinschaft beruhen.

Fallbeispiel: Soziale Kontrolle in Produktionsunternehmen

Ein illustrierendes Beispiel hierfür sind Untersuchungen in Produktionsunternehmen, in denen es neben den formalen Regeln der Arbeitsorganisation ausgeprägte informelle Organisationsmuster gibt. Oder anders ausgedrückt, es gibt massiven Gruppendruck, durch den soziale Kontrolle ausgeübt wird. Diese verhindert es, dass einzelne Arbeiter über das »offiziell vorgegebene Soll« hinaus produzieren.

Selbstverständlich sind die Arbeiter unterschiedlich geschickt und es gibt immer einige unter ihnen, die das von den Vorgesetzten vorgegeben Soll leicht übertreffen könnten. Aber damit würden sie ja der »Gemeinschaft der Arbeiter« in den Rücken fallen. Daher scheitert oftmals der Anreiz, die Entlohnung am Produktionsergebnis zu orientierten. Wenn die Mannschaft zusammenhält, hat der ökonomische Anreiz (fast) keinen Einfluss auf die Arbeitsproduktivität, und die Stückzahlen werden nicht über einen bestimmten Punkt hinausgehen.

Informale soziale Kontrolle hat mitunter mehr Einfluss auf das Verhalten von (potenziell oder faktisch abweichenden) Organisationsmitgliedern als formale Kontrolle oder Sanktionen. In dieser Logik spielen sich auch andere Initiations- oder Disziplinierungsmaßnahmen ab: Unter »Bizutage« versteht man in Frankreich Initiationsriten im Ober- und Hochschulmilieu. In der deutschen Bundeswehr sind disziplinierende Maßnahmen unter gleichrangigen Soldaten als »Heiliger Geist« bekannt. »Dedowschtschina« – »Herrschaft der Großväter« – bezeichnet das in russischen Streitkräften teilweise bis heute übliche Schikanieren jüngerer wehrpflichtiger Soldaten durch Dienstältere – all das »legitimiert« sich vor dem Hintergrund der »Gemeinschaftspflege«.

Im Kern der sozialen Kontrolle steht die Angst vor negativen Sanktionen: Es sind Strafen, die die Betroffenen sozial degradieren und ihre sozialen Teilhabechancen verringern (das Kollegen- oder Kameradenschwein, der Streikbrecher, die Nestbeschmutzerin). Hierbei verfolgt die soziale Kontrolle vor allem einen moralischen Aspekt, der auf die Person als Ganzes zielt. Es geht nicht nur um Handlungs-, sondern um Haltungs- und Gedankenkontrolle. Die Arbeiter, die neuen Rekrutinnen, das neue Sektenmitglied, sie alle sollen nicht mal daran denken, vom »Ideal der Gemeinschaft« abweichen zu wollen.

Sie sollen sich innerlich schlecht fühlen, wenn unerlaubte Zweifel in ihnen aufkommen!

Kontrolle über Schwellen

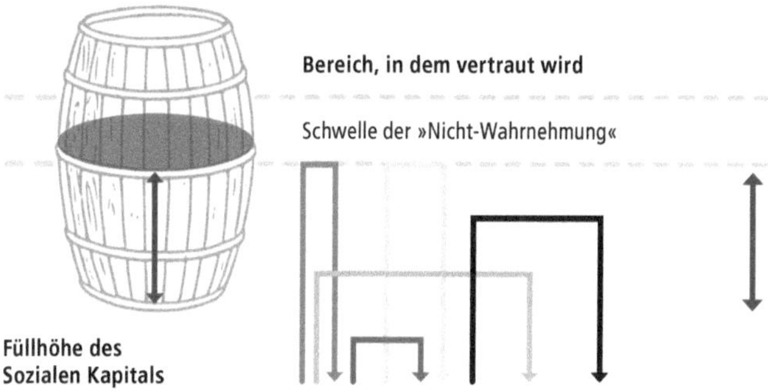

Abbildung 8: Kontrolle über Schwellen

Wiederum ist die Kontrolle des sozialen Kapitals nichts Spezifisches, wofür es einen »Wasserstandsmelder« gäbe. Es lässt sich nicht präzise messen, ob die Solidarität noch hinreichend hoch ist oder ob die Vertrautheit gerade um 10 % abgenommen hat. Bekanntheit und Vertrautheit werden über Schwellen kontrolliert (siehe Abbildung 8). Diese Schwellen fokussieren auf das Erleben. Sie schaffen einen Erlebensbereich oberhalb bzw. unterhalb der Schwelle. Wenn man feststellt, dass man inzwischen zu Bekannten geworden ist, oder dass sich das Zusammensein sehr vertraut anfühlt, dann wurde die Schwelle bereits überwunden und es stellt sich eine Konstanz bezüglich der Interpretation des eigenen Erlebens ein. Alles, was sich unterhalb der Schwelle abspielt, wird entweder nicht mehr wahrgenommen oder als irrelevant verworfen. Nun weckt nicht jede Unstimmigkeit Zweifel, befremdende Aussagen anderer werden nicht mehr als »üble Nachrede« diffamiert und nicht jede Enttäuschung muss automatisch gegebenes Vertrauen zerstören.

Wird die Schwelle jedoch überschritten, spielt nicht allein die *eine* Überschreitung eine Rolle, sondern all das, was zuvor als irrelevant ausgeblendet wurde, offenbart sich nun in einem vollkommen anderen Licht. Daher kommt es vor, dass Reaktionen bei einem Vertrauensbruch von außen schnell als »übermäßig«, »zu emotional« oder »schlichtweg irrational« erscheinen: »Jetzt reg dich doch nicht so auf« oder »so schlimm war es nun auch nicht«. Isoliert betrachtet mag es so aussehen, als ob es lediglich ein *kleiner* Vertrauensbruch oder -missbrauch war.

Eine Reaktion kann aber nur dann als »zu viel« oder »übermäßig« definiert werden, wenn es Kriterien gibt, an denen das Verhalten gemessen werden kann. Das scheinbare Übermaß, das an Begriffen wie »zutiefst enttäuscht«, »tödlich gekränkt«, »im Mark erschüttert« festgemacht wird, zeigt demgegenüber das volle Ausmaß der persönlichen Investitionskosten in das soziale Kapital. Bekanntheit oder Vertrautheit sind keine Gratisressourcen, auf die man nach Belieben zurückgreifen kann. Je verletzter und übermäßiger die Reaktion ist, desto mehr soziales Kapital stand für die Betroffenen offensichtlich auf dem Spiel, und desto mehr Arbeit hatten sie auf das soziale Kapital eingezahlt.

Den Pegelstand des sozialen Kapitals regulieren

Das soziale Kapital wird weniger, wenn die soziale Kontrolle für die Personen keine Bedeutung mehr hat. Wenn die Werte nicht mehr bindend und die Pflichten nicht mehr verpflichtend sind, wird das gemeinsame soziale Kapital zerstört: Insbesondere Opportunismus, nutzenmaximierendes Verhalten ohne Beachtung von Reziprozitätsnormen und die Ausbeutung individueller oder kollektiver Vorleistungen sind unsolidarische und zerstörerische, weil egoistische Verhaltensweisen.

Andererseits kann es aber auch eine bewusste Entscheidung sein, die Vertrautheit, wenn sie zu verpflichtend und normativ geworden ist, herunterzufahren, und den Pegelstand des Fasses bewusst etwas abzusenken.

4.5 Entscheidungsmöglichkeit: Vertrauen

»Weil ich niemals dich anhielt, halt ich dich fest.«
(Rilke 1966, S. 936)

Wenn zwei Personen gemeinsam so viel soziales Kapital erworben haben, dass eine gute Vertrautheit zwischen ihnen herrscht, bedarf es keiner kleinteiligen Kontrollen und sie müssen sich nicht mehr ihre Kompetenz oder Reputation beweisen, sondern können sich wesentlich besser aufeinander einlassen. So weit, so gut, aber vielleicht kam dem einen oder der anderen beim Lesen der Gedanke, dass das alles ja ganz interessant sein mag, aber das »Besondere«, das »Warme«, das »Sehnsüchtige« des Vertrauens irgendwie zu kurz kommt? Bislang ging es vor allem um das Bekleiden von Positionen, um Rationalität, Plausibilität sowie verschiedene Kontroll- und Kapitalformen.

Sich einem Gegenüber mit seiner ganzen Person anzuvertrauen, ist weit mehr als das Resultat einer kalkulierenden Entscheidung. Sich derart einer anderen Person hinzugeben, ist ein emergentes und emotional besetztes Resultat einer gemeinsamen Erfahrung. Ein solches Vertrauen ist kein kurzfristig wählbares Mittel, um bestimmte Zwecke zu erreichen. Stattdessen geht es um die moralische Qualität der Vertrauenswürdigkeit und Verlässlichkeit sowie um die Anerkennung von Integrität. Seinem Gegenüber persönlich zu vertrauen, ist der Glaube an seine oder ihre Vertrauenswürdigkeit – im Vertrauen darauf, dass das Gegenüber das eigene Vertrauen nicht enttäuschen und ausbeuten wird. Auf derselben Ebene spielen Freundschaft, Liebe und Intimität eine Rolle. Das Wort »Intimus« wird seit der Antike verwendet. Seit dem 16. Jahrhundert hat es im Deutschen die Bedeutung des »Busenfreunds«, des »engsten Vertrauten« (Berthold 2008, S. 115 ff.).

All das mag sich nach einem Vertrauensideal anhören und vermutlich suchen viele Menschen – mitunter auch verzweifelt – nach einem solchen Beziehungsvertrauen. Aber auch diese Vertrauensform ist ambivalent. Sie zeugt von einer großen Intimität, die zugleich Angst auslösen kann: Man gehört sich nicht mehr allein und läuft dadurch Gefahr, die eigene Autonomie zu verlieren, in Abhängigkeit zu geraten und dabei verloren zu gehen.

Vertrauen ist nicht grenzenlose Offenheit

Eine oft kolportierte Idealvorstellung von Vertrauen ist der Wunsch nach grenzenloser Offenheit, totaler Kommunikation und absoluter Aufrichtigkeit, ganz gleich, worum es geht. Ein solches Verständnis hat nicht viel mit Vertrauen zu tun, sondern zeugt von einem Wunsch nach Kontrolle, damit man die Beziehung besser kalkulieren kann:

Je ungebremster man alles über sich selbst erzählt, desto stärker der Zusammenhalt

Ich erzähle dir *alles* über mich, aber dann solltest du auch *alles* über dich sagen. Denn ich muss die Gewissheit haben, dass du dich ebenso zeigst, damit mein Vertrauen gerechtfertigt ist, und ich mich dann auch zeigen kann.

Richard Sennett (2004) hat in diesem Sinn vor der »Tyrannei der Intimität« und einer »destruktiven Gemeinschaft« (S. 306) gewarnt. Die Entblößung der eigenen Seele hat wenig mit lebendigem Vertrauen zu tun, sondern bürdet zunächst dem Gegenüber eine enorme Last im Sinne einer zu entgeltenden Bringschuld auf: »Sieh her, wie weit ich mich öffne, jetzt bist du dran!« (vgl. 4.2 »supererogatorische Leistung«). Stattdessen verträgt Vertrauen »Schutzzonen der Unaufrichtigkeit« (Luhmann 1982, S. 211) gegen den totalitären Anspruch nach Offenheit und Authentizität, und gegen die bloße Pose authentisch zu sein.

Dietrich Bonhoeffer (1943/1996, S. 623) nennt dies: »Zynische Wahrheitsliebe«:

»Es ist der Zyniker, der unter dem Anspruch, überall und jederzeit und jedem Menschen in gleicher Weise ›die Wahrheit zu sagen‹, nur ein totes Götzenbild der Wahrheit zur Schau stellt. Indem er sich den Nimbus des Wahrheitsfanatikers gibt, der auf menschliche Schwächen keine Rücksicht nehmen kann, zerstört er die lebendige Wahrheit zwischen den Menschen. Er verletzt die Scham, entheiligt das Geheimnis, bricht das Vertrauen, verrät die Gemeinschaft, in der er lebt, und lächelt hochmütig über das Trümmerfeld, das er angerichtet hat, über die menschliche Schwäche, die ›Wahrheit nicht ertragen kann‹.«

Wenn sich zwei Personen einander vertrauen, sollten sie ehrlich sein in dem, was sie sagen, aber sie müssen nicht alles sagen. Vertrauen lässt sich nicht dadurch erzwingen, dass man sich als Vertrauensbeweis alles Erdenkliche an den Kopf wirft. Vertrauen braucht ebenso Diskretion, Undeutlichkeit und Fantasie.

Im Vertrauen könnte sich eine Formulierung so anhören:
Du brauchst dem, was ich dir jetzt sage, nicht zuzustimmen, und ich bin mir auch nicht sicher, ob ich für mich selbst alles klarsehe. Mir ist aber wichtig, dass du es weißt. Ich schätze die Freundschaft zu dir und bin gern mit dir zusammen, aber ich will auch, dass du weißt, wer ich bin, und ich halte es auch aus, wenn du anders bist.

Es ist mutiger, weil riskanter, zu sagen, dass man sich unsicher sei, ob man alle Erwartungen erfüllen kann – weil man damit das Gegenüber nicht mehr schont, sondern ernst nimmt und sich selbst nicht verleugnet. Man mutet sich einander zu!

Vertrauen und das »Bilderverbot«

Einander zu vertrauen, bedeutet nicht, sich gegenseitig kontrollierend festzulegen. Einander zu vertrauen ist die Inszenierung eines gemeinsamen Spielraumes, einer lebendigen Leerstelle:

Die Inszenierung einer Leerstelle
Ich kann mich auf dich verlassen, weil ich mir sicher bin, dass du das, was du für mich tust, nach bestem Wissen und Gewissen für mich tust, auch wenn ich es vielleicht zunächst noch nicht verstehe.

In allen drei monotheistischen Religionen gibt es das Verbot, sich von Gott ein Bildnis zu machen. Das Problem dabei besteht weniger darin, dass man sich Gott als weisen alten Mann oder weise alte Frau vorstellt, es besteht vielmehr darin, dass jedwede Beschreibung begrenzt! In dem Moment, in dem ich mir ein konkretes Bild von jemandem mache, fülle ich die Leerstelle mit meinen eigenen begrenzten Annahmen und beschneide zugleich die Möglichkeiten des Gegenübers, sich auch ganz anders verhalten zu können. (Wir erinnern uns: Man sieht nur das, was man kennt.)

Das Verbot, sich ein Bildnis von Gott zu machen, spiegelt diese Spannung zwischen »positionalem Zutrauen« und »personalem Vertrauen« wider. Erst wenn ich bereit bin, über meine eigenen, mir vertrauten Bilder hinauszugehen, erst wenn ich bereit bin, mein Gegenüber als das »Nicht-Festgelegte« oder »Erst-noch-möglich-Werdende« auszuhalten, wird es mir möglich sein, Sicherheit und Geborgenheit in der Beziehung zu empfinden. Erst, wenn ich mein Gegenüber nicht mehr unter meiner Kontrolle habe, kann ich mich in seine oder ihre Obhut begeben.

Das ist auch mit dem Satz »Der Glaube versetzt Berge« gemeint: Wer weiß schon, über welche Kraft er oder sie wirklich verfügt und welche Möglichkeiten noch in einem selbst stecken. Wenn die Kraft im Glauben steckt und nicht im Wissen darüber, was wirklich ist, oder ob der Glaube gerechtfertigt ist, dann ist es gut, an das Gegenüber zu glauben und darauf zu vertrauen, was noch alles möglich ist.

Letztlich liegt darin die Bedeutung des Selbstvertrauens, als ein Vertrauen in sich selbst. Solange ich eng und kontrolliert bei meinen eigenen Vorstellungen verbleibe, was ich kann und was nicht, bleibe ich immer nur auf mich selbst verwiesen. Ich werde erst dann über mich hinauskommen und entdecken, was mir noch möglich ist, wenn ich von zu fixierten Bildern Abstand nehme und mich davon überraschen lasse, was in mir noch alles lebendig werden will.

Der positive Wert des Vertrauens liegt nicht darin, dass es aufgrund verlässlicher Interessenslagen gut, notwendig oder funktional ist. Vertrauen ist nicht kalkulierend-technisch im Sinne von: »Ich verlasse mich auf jemanden, damit etwas Bestimmtes geschieht«. Es ist mehr als nur ein »Tauschhandel Zug um Zug«. Deshalb kann man Vertrauen und Vertrauenswürdigkeit leicht verfehlen, wenn man sie zu sehr oder zu deutlich intendiert. Vertrauen schenken ist Kostbarkeit und Nicht-Imitierbarkeit. Sich auf andere Menschen verlassen, weil man ihnen vertraut, spricht ihnen Vertrauenswürdigkeit als eine moralische Qualität zu.

4.6 Gegenteil von Vertrauen: Misstrauen

> »Es gibt kein richtiges Leben im Falschen.«
> (Adorno 1994, S. 42)

In der Logik des Modells sind wir im Rahmen einer Beziehung zu einer anderen Person angekommen, in der ein Zustand lebendiger gegenseitiger Vertrautheit herrscht. Unter dieser Vertrautheit ist es plausibel, sich der anderen Person aufgrund ihrer Vertrauenswürdigkeit hinzugeben. In einer solchen Beziehung kann es hier und da ein paar Zweifel geben, und den einen oder anderen prüfenden Blick, aber all das ist weit davon entfernt, die Beziehung infrage zu stellen.

Wenn eine Person allerdings feststellt, dass sie nicht mehr nur hier und da »kleine Zweifel« hat, sondern beginnt, ihrem Gegenüber zu misstrauen, weil die Kontrollschwelle immer wieder überschritten wurde, bezieht sich dieses Misstrauen nicht mehr nur auf die »sichtbare Performance«, sondern das Misstrauen stellt die ganze Person infrage: Jemandem zu sagen: »Ich misstraue dir!«, lässt das bislang gemeinsam aufgebaute soziale Kapital fragwürdig erscheinen. Als ob das Fass des sozialen Kapitals ein Leck bekommen hätte, zersetzt das Misstrauen alle positiven Unterstellungen und verkehrt sie ins Negative. Die Entscheidung zu misstrauen ist dabei ebenso emotional gefärbt wie die des Vertrauens, allerdings als Negativ-Unterstellung, und die Misstrauensspirale dreht sich deutlich schneller (vom »Blitzkrieg« haben wir schon gehört, den »Blitzfrieden« gibt nicht).

Fallbeispiel »Fremdgehen« – zwischen Vorsatz und Fahrlässigkeit

Bereits der Begriff des »Fremdgehens« macht es deutlich: Man verbleibt nicht im Vertrauten, sondern geht ins Fremde. Aber worin besteht der Vertrauensbruch und womit genau wird »gebrochen«? Und ab wann beginnt er? Wenn wir in der Logik des Modells bleiben, gibt es zwei Möglichkeiten, das Fremdgehen zu erklären.

Im ersten Fall ist der faktische Beischlaf lediglich ein weiterer Punkt im Rahmen eines bereits länger andauernden »Vertrautheits-Verfalls«. Wenn die Antwort auf die Frage »Wie lange geht das schon?« nicht Kürze, sondern Dauer signalisiert, wurde schon seit längerer Zeit nicht mehr in das gemeinsame soziale Kapital der Beziehung investiert. Stattdessen hat eine andere Beziehung davon profitiert. Es fanden keine gegenseitigen Vertrauensentscheidungen mehr statt. Man hat dem Gegenüber nicht mehr gesagt, was einen wirklich bewegt, was man vielleicht vermisst, was man schlimmstenfalls befürchtet. Das Gegenüber ist zu einem fixen Bild erstarrt, dessen Reaktionen man alle schon zu kennen glaubt. Wenn die Gemeinsamkeit lediglich aus Routine und Gewohnheit besteht, traut man sich schon lange nichts mehr zu – geschweige denn, sich dem Gegenüber noch anzuvertrauen. Was spielt es unter diesen Umständen noch für eine Rolle, ob es tatsächlich »zum Äußersten« kam?

Im zweiten Fall ist die gemeinsame Beziehung noch intakt. Das Fass des sozialen Kapitals ist hinreichend voll und der gemeinsame Austausch von Vertrauen und Vertrauensentscheidungen begleitet. Sollte das Fremdgehen nur eine Form von unbedachter Fahrlässigkeit oder ein hormonell vernebelter Ausrutscher gewesen sein, der – glaubwürdig dargelegt – darüber hinaus keinerlei Bedeutung hat, also ein Akt ohne Vergangenheit und Zukunft ist, warum sollte man die Vertrautheit dann infrage stellen? Im Sinne des sozialen Tauschs ist der eigenen Beziehung fast nichts entgangen.

Im ersten Fall handelt es sich um Vorsatz, im zweiten um Fahrlässigkeit oder Gedankenlosigkeit. Was dem Prüfkriterium für Vertrauen ohnehin entsprechen würde: In dem Moment, in dem eine Person das Gegenüber vorsätzlich, geplant und strategisch umgeht, wäre es doch vermessen, von »moralischer Würdigkeit« zu sprechen. Genau genommen stellt es eine »Unwürdigkeit« dar. Es ist nichts, wofür man ein Auge zudrücken kann, weil man nicht die Gewissheit hat, dass es aller Voraussicht nach nicht mehr vorkommen wird. Sobald sich der anderen Person erneut eine Gelegenheit bietet, wird sie abermals egoistisch-opportunistisch handeln.

Wer mit »misstrauenswürdigen Personen« zu tun hat, sei es bei der Arbeit oder im Privaten, kann sich nicht sicher sein, ob sie vorsätzlich oder fahrlässig das Vertrauen gebrochen haben, und ob man ihnen nicht doch noch eine zweite Chance geben sollte. Vielleicht versucht man immer wieder, sich ihnen anzunähern (»die Hoffnung stirbt zuletzt«), um dann in den entscheidenden Momenten hin- und hergerissen bis fassungslos zu sein, dass abermals ein antisoziales Verhalten an den Tag gelegt wurde.

»Gute Gründe«, warum Misstrauen in der Arbeitswelt eine plausible Entscheidung ist:

- bei Verlust von Verlässlichkeit und Vertrauenswürdigkeit Anderer,
- bei Beschädigungen des Vertrauens durch Intrigen, Neid, Mobbing,
- bei Verletzungen, Entehrungen, Nichtbeachtung, Verweigerung von Anerkennung,
- bei unfairer Verteilung von Arbeitslasten,
- bei unerwarteten Verhaltensweisen, die uneindeutig sind, aber starke Skepsis erzeugen,
- bei ausufernder Kontrolle.

All das verursacht nicht nur Zweifel, sondern es zersetzt das soziale Kapital und verursacht infolgedessen Misstrauens-Entscheidungen.

»The Cost of Thinking Twice«

Wer mit »misstrauenswürdigen« Personen zu tun hat, muss stets auf der Hut sein. Und je länger die Situation andauert, desto eher wird sich bei einem selbst eine paranoide Misstrauenskultur des zweiten Blicks einstellen: Stets wird man sich fragen:

- Von wem genau kommt es?
- Kann man denjenigen tatsächlich trauen?

- Was bleibt dabei ungesagt?
- Was steckt eigentlich dahinter?

Diese ständige, akribische Überprüfung der eigenen Wahrnehmungen und die emotionale und mentale Erschöpfung, die ein solcher Prozess mit sich bringt, ist als »the cost of thinking twice« bekannt.

4.7 Sanktion und Reue

> »Wer einmal lügt, dem glaubt man nicht,
> und wenn er auch die Wahrheit spricht.«
> (nach Phaedrus 2018, S. 51)

Zu Beginn der Untersuchung wurde festgestellt, dass die Tendenz zur Kooperation evolutionstheoretisch verankert ist, weil sich beim Menschen eine basale soziale Orientierung herausgearbeitet hat, dass Zusammenarbeit von großem Vorteil sein kann, auch wenn es hier und da zu Friktionen kommt. Natürlich ist es schlimm, wenn das Vertrauen missbraucht wird, aber Menschen verfolgen immer auch eigene Interessen und sind dabei einfach fehlbar.

Wenn es den Vertrauensbruch nicht gäbe, wäre das Sprechen über Vertrauen sinnlos. Wenn aber der potenzielle Vertrauensbruch ein so immanenter Bestandteil des Vertrauens ist, dann muss es soziale Vorkehrungen geben, zweckmässig mit ihm umzugehen – denn wir alle haben bestimmt schon einmal eine Verfehlung begangen oder sind unsererseits in unseren Erwartungen, die wir anderen Menschen gegenüber hatten, enttäuscht worden.

Die beiden Maßnahmen, die hier kurz skizziert werden, lauten »tätige Reue« und »formelle Strafe«. Beide Formen lassen sich auf das oben beschriebene Beispiel des Fremdgehens anwenden und geben Antwort auf die Frage, ob der Vertrauensbruch aufgrund von Vorsatz oder Fahrlässigkeit entstanden ist.

Ist die Verfehlung aus Fahrlässigkeit geschehen, kann sie zwar nicht annulliert werden, aber im Sinne der strafrechtlichen Idee der »tätigen Reue« (Härtl-Meißner 2020, S. 24) eine goldene Brücke zurück in die Beziehung für den Täter bedeuten. Jean-Jaques Rousseau (1945) hat diese Form in seinem »Emil« gut dargestellt:

> Das Mißfallen, welches er bei anderen erregt, ruft bei ihm aufrichtiges Bedauern hervor, und von ernstlicher Reue wird er ergriffen, wenn er jemanden gekränkt hat. Läßt er sich durch die Hitze seines sich entzündenden Blutes zum Ungestüm, zum Aufbrausen und zum Zorn fortreißen, so zeigt sich schon im nächsten Augenblick seine ganze Herzensgüte in dem Erguß seiner Reue. Er weint, er seufzt über die Wunde, die er geschlagen hat. Mit seinem eigenen Blute möchte er jeden Blutstropfen, den er vergossen hat, wieder erkaufen. Vor der Erkenntnis seines Fehlers erlischt all sein Zorn, demütigt sich all sein Stolz.
>
> (Textteil 24)

Eine solche Form von Reue macht deutlich, dass man sich dessen, was einem passiert ist, von innen heraus schämt. Man ist sich selbst »fremd« geworden und hatte sich nicht unter Kontrolle. Das Gewissen hat einen gerufen sowie Scham und Beschämung verursacht. Wer sich so verhält, dem gebührt eine zweite Chance! Allerdings lässt sich auch diese Form von Reue nicht beliebig häufig wiederholen, weil sie sonst zur Farce verkommt.

Die zweite Maßnahme, auf tendenziell vorsätzliche Zutrauens- oder Vertrauensbrüche zu reagieren, bedeutet formelle Sanktionsmöglichkeiten. Ratschläge in Arbeitskontexten lauten:

> Solange sich ihr Gegenüber kooperativ verhält, arbeiten die meisten Menschen ebenfalls kooperativ mit ihm zusammen. Falls ihr Gegenüber jedoch versucht, sich einseitige Vorteile zu verschaffen, reagieren sie darauf sofort, aber mit angemessenen Sanktionen.

> Auf jede Sanktion sollte ein erneutes Angebot zur konstruktiven Zusammenarbeit erfolgen. Das Gegenüber lernt auf diese Weise schnell, dass ihm unfaires Verhalten keine Vorteile bringt. Es wird deshalb künftig ebenfalls auf eine konstruktive Zusammenarbeit setzen (Pastoors u. Ebert 2019, S. 14).

Sanktionen sind dann für alle Anwesenden sicht- und spürbare »Stopp-Momente«: Die Person, die das Vertrauen (bewusst) gebrochen hat, erhält eine formelle Sanktionierung. Zugleich wird den anderen Personen signalisiert, dass Untreue nicht toleriert wird, und nicht etwa »die Ehrlichen die Dummen sind«.

In diesem Fall muss die sanktionierte Person nicht zwingend Reue zeigen – und vielleicht kann sie es in dem Moment auch nicht, weil sie den Vertrauensbruch ja mit Vorsatz beging – aber sie erhält dennoch eine zweite Chance, sich dafür zu entscheiden, das soziale Kapital gemeinsam wiederaufzubauen. Es ist wie ein »Reset« auf einen Zustand vor dem Vertrauensbruch. Der Zähler wird auf null gestellt und man hat die Chance, sich so zu verhalten, als ob man von Neuem von der Fremdheit in die Bekanntheit starten kann.

Disziplinarmaßnahmen in Organisationen mit der Option auf eine zweite Chance:

Vertragsverletzungen von Arbeitnehmenden können vom Arbeitgeber mittels Disziplinarmaßnahmen geahndet werden. Bei der Ahndung solcher Vertragsverletzungen unterscheidet das Gesetz zwischen allgemeinen und besonderen Disziplinarmaßnahmen.

Allgemeine Disziplinarmaßnahmen: Verweis, Verwarnung und Schadenersatz. Diese können vom Arbeitgeber unter Beachtung der gesetzlichen Voraussetzungen jederzeit vorgenommen und geltend gemacht werden.

Besondere Disziplinarmaßnahmen sind die sogenannten Ordnungsstrafen, wie Bußen, Verlängerung der Probezeit und Versetzung. Diese Maßnahmen setzen zwingend eine angemessene Regelung in einer Betriebsordnung nach dem Arbeitsgesetz voraus.

Auf das Beispiel mit dem Fremdgehen bezogen, bedeutet dies, dass eine glaubwürdige »informelle Sanktion« gefunden werden muss, die hinreichend deutlich signalisiert, dass die Affäre komplett beendet ist und zugleich – im Sinne des sozialen Tauschs – eine adäquate Ausgleichsleistung in Aussicht gestellt wird: So könnte es zum Beispiel sein, dass die vom Partner lang ersehnte Reise endlich gebucht oder der Umbau eines eigenen Studios in die Tat umgesetzt wird.

4.8 Vertrauen, Würdigkeit, Mutwille

Einem anderen Menschen zu vertrauen, ist keine einsame Entscheidung. Konnte eine Person für sich allein unter Fremdheit entscheiden, ob sie jemanden kontrolliert oder ob sie aufgrund von glaubwürdigen »Zutrauens-Markern« der anderen Person etwas Bestimmtes zutraut, so kann sie demgegenüber Vertrauen nur unter der Perspektive schenken, dass sie zu der anderen Person in Beziehung steht und eine vertraute Beziehung hat. Jemandem vertrauen heißt, sich auf die andere Person selbst zu verlassen und nicht lediglich auf deren generalisierbare und kalkulierbare Motivationsmuster. Es bedeutet, sich auf die andere Person einzulassen, und sich ihrer zukünftigen Entscheidung hinzugeben, weil man sie als dessen »würdig« erachtet – im Vertrauen darauf, dass das, was geschieht, gut sein wird. Ob und inwiefern eine so persönliche Beziehungskonstellation in der Arbeitswelt sinnvoll und notwendig ist, möchte ich gern der Leserschaft überlassen. Überprüfen Sie gut, was man von Ihnen verlangt, wenn an Ihr Vertrauen appelliert wird: Was entspricht Ihnen und worauf können Sie sich einlassen?

Bedingungen der Vertrauenswürdigkeit

Wem eine vertrauensvolle Beziehung wichtig ist, und wer möchte, dass eine andere Person ihr oder ihm vertraut, sollte sich des Vertrauens als würdig erweisen. Dazu muss sich die Person als eine solche sichtbar und nachvollziehbar gemacht haben. Nach alldem, was wir gesehen haben, ist das ein aufwendiges Unterfangen. Anhand der drei folgenden Punkte Eindeutigkeit, Einzigartigkeit und Selbstverpflichtung bedeutet dies:

(1) Als Person eindeutig sein

Wer Vertrauen erwerben möchte, muss bereit sein, eindeutig sichtbar zu sein. Man kann nicht verlangen, dass andere sich (blind!) auf einen verlassen, ohne dass man zuvor etwas von sich selbst preisgegeben hat. Eindeutigkeit ist eine Kategorie der Zurechenbarkeit. Das, was ein Mensch von sich sichtbar gemacht hat, muss diesem auch eindeutig zurechenbar sein. Einer Person etwas zuzurechnen, heißt, sie an dem zu messen, was sie über sich dargestellt hat und wofür sie bereit ist, in die Verantwortung zu gehen. Eindeutigkeit bedeutet Zurechenbarkeit von »Ver-Antwortung« im besten Wortsinn: Worauf bin ich bereit, Antwort zu geben?

(2) Vertrauen braucht Einzigartigkeit

Einzigartigkeit ist ein soziales Unterscheidungskriterium. Bezieht sich die Eindeutigkeit auf die »Deutung«, das heißt auf die Art der Zurechnung, so ist die Einzigartigkeit der Ausdruck eines authentischen Kerns. Der Psychoanalytiker Carl Gustav Jung sagt dazu: »Individuation bedeutet: zum Einzelwesen werden, und, insofern wir unter Individualität unsere innerste, letzte und unvergleichbare Einzigartigkeit verstehen, zum eigenen Selbst werden. Man könnte ›Individuation‹ darum auch als ›Verselbstung‹ oder als ›Selbstverwirklichung‹ übersetzen« (1933, S. 65).

Einzigartig sein widerspricht einem Agieren in starren und vorgegebenen Rollen und Positionen. Wer sich nur anpasst und brav Standards erfüllt, kann nicht als einzigartiges Selbst wahrgenommen werden. Damit gehören die eigenen Macken, Defizite und Schwächen ebenso zu meinem einzigartigen Selbst wie die Interessen, Stärken und Kompetenzen. Indem ich mir bewusst bin, dass meine Einzigartigkeit ein Eigenwert ist, der sich zwar im Vergleich, aber nicht in

Konkurrenz zu den anderen zeigt, kann ich meinem Gegenüber das Angebot machen, sich auf mich einzulassen. Wenn ich selbst weiß, wo ich stehe, kann ich mich auf andere beziehen.

(3) Vertrauen braucht Selbstverpflichtung

Um sich auf eine andere Person verlassen zu können, muss sie dem Gegenüber zusätzlich signalisieren, verlässlich zu sein. Aber wann ist man zuverlässig? Geht es um Norm- und Pflichterfüllung? Nein, bloße Normausführung ist zu unauffällig und ausdrucksschwach, um Verlässlichkeit zu signalisieren. Einer anderen Person zu zeigen: »Du kannst dich auf mich verlassen!«, muss mehr sein als die Erfüllung einer äußerlichen Pflicht oder eines Zwangs. Stattdessen braucht es eine innere Überzeugung als »Einsicht in die Notwendigkeit«, dass es einer Selbstverpflichtung auf die eigene Selbstdarstellung bedarf. Um es etwas konkreter zu machen, gleicht das »Selbstverpflichtet-Sein« dem Geben eines Versprechens: Wer ein Versprechen gibt, verspricht, die Person zu bleiben, die von sich selbst behauptet hat, das gegebene Versprechen halten zu wollen. Ein solches Versprechen ist vor allem ein Willensakt. Wer ein Treueversprechen abgibt, verspricht nicht die Liebe, sondern die Treue zu halten. Wenn man Liebe als unwillkürliche und emotionale Empfindung versteht, kann ich nicht versprechen, dass ich morgen noch dieselben Empfindungen haben werde, wie heute. Die Bindung und die Verpflichtung verlaufen über den Willen. Das macht das Versprechen nicht schlecht, im Gegenteil, es kann sogar nur deshalb wirksam werden, weil die Person, die es verspricht, sich selbst berechenbar und notwendig macht. Verlässlich sein im Sinne einer Selbstverpflichtung bedeutet einen Verlust an Spontaneität, der zum Gewinn von Reflexivität wird. Treu zu sein bedeutet, sich der eigenen Selbstdarstellung gegenüber verpflichtet zu fühlen und persönliche Gewissheit anstelle von Ungewissheit zu setzen.

Der Schlüssel zum Vertrauen ist die Gegenseitigkeit. Ich kann einer anderen Person nur vertrauen, wenn sie vertrauenswürdig ist und die Beziehung auch für sie eine besondere Bedeutung hat. Die »Leistung« der Person, die sich »an-vertraut«, besteht darin, den Mut und den Willen aufzubringen, sich auf dieses Wagnis einzulassen. Dazu wähle ich den Begriff »mutwilliges Vertrauen«; wobei ich »mutwillig« nicht mit der Bedeutung »eine böse Absicht verfolgen« verbinde, sondern im »veralteten« Wortsinn des Grimm'schen Wörterbuchs, eines »zu etwas treibenden oder bewegenden Willens« (1885, Lfg. 15, Bd. VI, Sp. 2835, Z. 46) und nicht an Gefahren (Risiken) und/oder Folgen (Konsequenzen) denkend:

(1) Wer vertraut, braucht Mut:
Mutig zu sein, heißt, etwas zu wagen, weil man denkt, dass es gut und richtig sei – auch wenn es schwierig ist und der Erfolg unsicher. Mut führt dazu, sich für eine bestimmte Sache oder für andere Menschen einzusetzen. Damit ist deutlich, dass Mut eine ganz wichtige Tugend ist.

Je mehr einander anvertraut wird, desto mehr offenbart man sich, desto höher wird zugleich das Risiko, genau deswegen verletzt zu werden. Je verletzbarer man wird, umso mehr ist man auf die Verlässlichkeit des Gegenübers angewiesen, und umso wichtiger wird zugleich das Vertrauen in diese Person. Jemandem zu vertrauen, ist kein übermenschlicher Akt, es braucht allerdings »doppelten Mut«. Einerseits gilt es, sich auf den anderen Menschen und die Beziehung zu ihm einzulassen. Andererseits muss in der konkreten Vertrauensentscheidung das je aktuelle Risiko in Kauf genommen werden. Immer wieder von Neuem gilt es dabei, die eigenen Zweifel, die Verletzbarkeit und die Schwächen, also das, was einen verwundbar macht, auszuhalten und sich *dennoch* für die Beziehung zu entscheiden. Das ist es, was Mut kostet, einen Mut, der die eigene Schwäche nicht ignoriert und ausblendet, sondern aushält. Bereit zu sein, jemandem zu vertrauen, bedeutet, sich selbst die eigene Bedürftigkeit und mitunter Machtlosigkeit bereits eingestanden zu haben, und trotzdem mit anderen in Beziehung zu gehen. Das macht aus Vertrauen das »Trotzdem unter Risiko«.

(2) Wer vertraut, braucht Willenskraft

Vertrauen ist die willentliche Entscheidung, darauf zu vertrauen, dass das Gegenüber, wenn es darauf ankommt, die richtige Entscheidung für einen selbst treffen wird. Vertrauen heißt, sogar eine dem eigenen Ermessen widersprüchlich erscheinende Entscheidung des anderen hinzunehmen und auszuhalten. Damit hat Vertrauen etwas Bedingungsloses an sich. Ein solches Vertrauen hat keinen Kontroll- oder Notausgang mehr. Dieses Vertrauen ist ohne ein willentliches Sich-Trauen nicht denkbar.

Und eben dieser *Mutwille* ist das eigentliche Beziehungsgeschenk des Vertrauens! Er signalisiert dem Gegenüber: Du bist es, den ich als die Person ansehe, auf die ich mich verlassen kann, weil du dessen würdig bist. Im Sinne des sozialen Tauschs ist das ein einzigartiges Geschenk, das persönlicher und verbindlicher nicht sein könnte.

5 Schluss

> »Man sollte die Welt so einfach wie möglich erklären –
> aber nicht einfacher!«
> (Einstein zugeschrieben, aber nie belegt)

Die Absicht dieses Buches war es, ein theoretisches Modell vorzustellen, mit dem man die unterschiedlichen Facetten all dessen, was man gemeinhin als »Vertrauen« bezeichnet, in der Praxis erkennen, unterscheiden und sichtbar machen kann. Das Ziel war es nicht, das Vertrauen seiner Besonderheit zu berauben, sondern im Gegenteil, es aus seiner diffusen Allgemeingültigkeit herauszuholen. Vertrauen ist keine »Leerformel«, der man sich nach Belieben bedienen kann und die überall hinpasst, sondern eine komplexe Angelegenheit mit hoher Wirkkraft. Dies deutlich zu machen, wurde der Vertrauensbegriff sehr eng eingekreist. Zusammenfassend werden hier nochmals alle Bestandteile aufgeführt:

5.1 Das komplette Modell

1) Das Mikro-Makro-Modell – zwischen Struktur und Prozess

Auch wenn das Modell einen sehr schematischen Eindruck erweckt (siehe Abbildung 9) und die Pfeile einen eindeutigen, ist es keineswegs deterministisch zu verstehen. Aus Fremdheit folgt nicht zwingend Fremdheit und Vertrautheit bleibt nicht automatisch Vertrautheit. Allerdings würde es die Grafik heillos überladen, wenn von jeder der drei Makro1-Situationen (Fremdheit, Bekanntheit, Vertrautheit) jeweils drei Pfeile auf die sechs Entscheidungsmöglichkeiten (Kontrolle/Ignoranz, Zutrauen/Zweifel, Vertrauen/Misstrauen) deuten

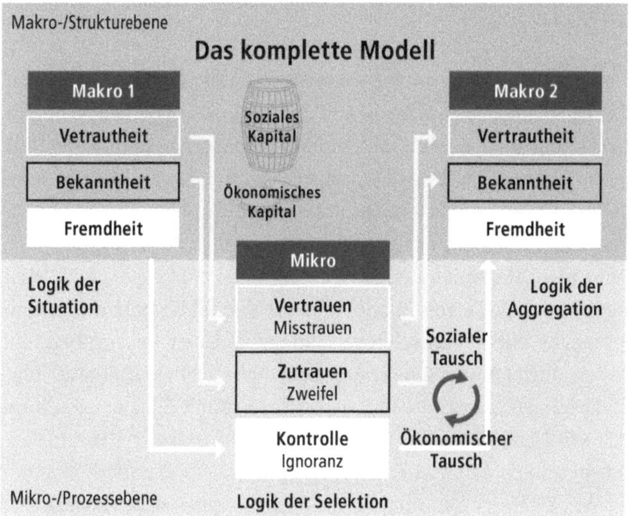

Abbildung 9: Das komplette Vertrauensmodell

würden, um zu signalisieren, dass Menschen auch unter Fremdheit Vertrauen schenken, und unter Vertrautheit Zweifel entstehen können.

Das Besondere am vorliegenden handlungstheoretischen Ansatz ist, dass Makrophänomene (Organisationskultur, Stimmung im Team, Familiendynamik) nicht als »gottgegeben« vorausgesetzt, sondern als Kombination rationaler Handlungen und Entscheidungen rekonstruiert werden: Wenn sich Personen unter Fremdheit (»Logik der Situation«) konsequent kontrollierend verhalten (»Logik der Selektion«), wird der Zustand der Fremdheit erhalten bleiben (»Logik der Aggregation«). Sie können aber auch anders handeln und sich anstelle von Kontrolle für Zutrauen entscheiden, wodurch sich die Makro2-Situation verändern wird.

Aus Sicht der Beratung bedeutet dies, den Personen aufzuzeigen, an welchen Stellen sie anders handeln könnten und ihnen die Verantwortung für ihre Entscheidung deutlich zu machen.

2) Strukturelle Zustände – Vertrautheit, Bekanntheit, Fremdheit

Vertrautheit ist ebenso wie Fremdheit eine »unvermeidbare« Tatsache des Lebens, und Vertrauen ist ebenso wie Kontrolle eine Entscheidung unter Risiko. Infolge dieses Diktums von Luhmann (2001, S. 144) werden im Modell strukturelle Zustände von prozesshaften Entscheidungsmöglichkeiten unterschieden. Fremdheit ist ein Zustand der Beziehungslosigkeit. Unter Fremdheit ist es irrational, sich auf andere Menschen einzulassen. Wer Unterstützung braucht, muss sich dies mithilfe von ökonomischem Kapital besorgen: Hausbau, häusliche Pflege, menschliche Zuneigung. Unter Bekanntheit und Vertrautheit können die Personen auf mehr oder weniger tragfähige Beziehungen zurückgreifen, sie verfügen damit über soziales Kapital. Wer Unterstützung benötigt, erhält Nachbarschaftshilfe, familiäre Pflege und persönliche Zuneigung.

Aus Sicht der Beratung stellt sich die Frage, welches Niveau zwischen Fremdheit und Vertrautheit der zu leistenden Arbeit zuträglich oder abträglich ist. Welchen Sinn macht eine Vertrauensorganisation, wenn ständig Einzelleistungen protegiert und hervorgehoben werden, und damit auf Konkurrenz statt auf Kooperation gesetzt wird?

3) Individuelle Entscheidungsmöglichkeiten

Das Handlungsprinzip, welches im Modell den Personen unterstellt wird, lautet: Sie handeln rational und nutzenmaximierend, das heißt, sie wissen um ihre Interessen, sind motiviert, diese durchzusetzen und wollen damit ein subjektiv zufriedenstellendes Anspruchsniveau erreichen. Wenn ich im Zustand der Fremdheit auf die Arbeit anderer Menschen angewiesen bin, kann ich nicht davon ausgehen, dass sie es mir zuliebe richtig machen. Wenn mir die Sache etwas wert ist, werde ich sie kontrollieren müssen, was mit (ökonomischen) Kontrollkosten verbunden ist (ökonomischer Tausch). Je weniger mir die Sache wert ist, desto weniger spielt das Gegenüber für mich eine Rolle, sodass ich dessen Handlungen auch ignorieren kann.

Sollte ich mit den anderen Personen im Zustand der Bekanntheit oder Vertrautheit sein, so werde ich ihnen einiges zutrauen können. Dies kann so weit gehen, dass ich mich ihnen anvertraue. In dieser Form des sozialen Tauschs wird nicht Geld für Leistung, sondern Leistung gegen persönliche Anerkennung getauscht. Im Wissen, dass das Risiko bleibt, erachte ich mein Gegenüber als so zutrauens- bzw. vertrauenswürdig, dass ich die Kooperation mit ihr oder ihm gerne eingehe. Gelingt dieser Austausch, indem sich die Beteiligten der Bedeutung dieses sozialen Miteinanders bewusst sind, wird das soziale Kapital zunehmen. Die Bekanntheit nimmt zu, die Vertrautheit wird intensiver – oder vice versa bei misslingender Kooperation. Wenn die Entscheidung für Zweifel und Misstrauen überhandnehmen, nimmt auch das soziale Kapital ab und Fremdheit wird die Folge sein.

Aus Sicht der Beratung bedeutet dies, mit den handelnden Personen eine Bewusstheit darüber zu erlangen, wie sie die Situation einschätzen und welche Entscheidung sie fällen und in Konsequenz verantworten, und mit welchem Folgezustand sie leben wollen.

5.2 So geht Vertrauensorganisation

Ohne Vertrauen wäre unsere heutige Arbeitswelt unvorstellbar. Wenn wir jeden Schritt kontrollierten, alles hinterfragten und nichts als vertraut nähmen, würden wir im Informationszeitalter in einer Flut an Information ertrinken. Genau genommen gibt es keine Alternative zum Vertrauen in Organisationen. Das Zitat von Martin Schweer (2003) fasst gut zusammen, was gemeinhin unter »Vertrauensorganisation« verstanden werden soll:

> Eine Organisation, die Vertrauen als Organisationsprinzip realisiert, ist ein dynamisches, prozessorientiertes System; jeder Mitarbeiter der Vertrauensorganisation wird als autonom handelndes, sich selbst kontrollierendes Individuum betrachtet. Die Struktur der Organisation ist dezentralistisch, Prinzipien mit hoher

Arbeitsteilung werden nicht verfolgt: Partizipation ist ein Kernelement der Organisation, die den Mitarbeitern zugedachten Handlungsspielräume sind hoch (S. 328).

Auf unser Mikro-Makro-Modell übertragen, heißt das für die *Makroebene und die sich daraus ergebende »Logik der Situation«,* dass die Organisation ein Garant dafür sein muss, dass die Prinzipien der Partizipation und die Zubilligung von Autonomie für die Personen gewährleistet sind. Dazu sollte eine Organisation möglichst viele Strukturen schaffen, in denen kompetente, wohlwollende und integre Handlungen ermöglicht, wahrgenommen und wertgeschätzt werden. Dazu gehören unter anderem institutionalisierte Angebote der persönlichen und beruflichen Weiterentwicklung (zum Beispiel Fortbildungen und gesicherte Aufstiegschancen), Angebote zur Verwirklichung einer guten Work-Life-Balance (beispielsweise familienfreundliche Arbeitszeiten, betriebsinterne Kindergärten und Sportangebote), Mechanismen der Selbstkontrolle und -evaluation (zum Beispiel 360°-Feedback, Ideenmanagement bzw. Vorschlagswesen) sowie die Verankerung dieser Werte im organisationalen Leitbild. Entscheidend für den Erfolg solcher organisationalen Strukturen ist, dass diese nicht nur formal existieren, sondern im Sinne des sozialen Kapitals offensichtlich und verlässlich gelebt werden. Nur so kann die Zuschreibung von Vertrauenswürdigkeit auf Seiten der Organisation langfristig Bestand haben.

Auf eine handlungstheoretische Kurzformel gebracht, lässt sich sagen:

Organisationen sind dann auf der Makroebene vertrauenswürdig, wenn sie über eine verlässliche Substanz verfügen.
Das individuell messbare Kriterium auf der Entscheidungsebene lautet:
Ich persönlich muss davon überzeugt sein, dass alle anderen innerhalb der Organisation – obwohl ich diese nicht kenne – ebenso davon überzeugt sind.

Wenn wir den Blick auf die *Mikroebene der »Logik der Selektion«,* das heißt der individuellen Entscheidungen richten, müssen hier einerseits veritable Entscheidungsspielräume zur Verfügung stehen, und zugleich müssen die je individuellen Entscheidungen in ihren Folgen und Auswirkungen beobachtet werden (»Logik der Aggregation«): Werden Entscheidungen konsistent und transparent getroffen? Stimmen Vorhersehbarkeit, Verlässlichkeit und die Offenheit von Kommunikationen miteinander überein? Werden Zusagen eingehalten? Wird dies auch von anderen gefordert und werden mögliche Verfehlungen geahndet? Werden Loyalität und faires Handeln als wichtige Werte kommuniziert, sodass nicht die Meinung vorherrscht, der »Ehrliche sei der Dumme«? Nimmt man sich Zeit für andere, ist präsent und ansprechbar, und besteht Glaubwürdigkeit darin, dass man sagt, was man tut, und tut, was man sagt? Kurz gesagt: Funktioniert der soziale Tausch?

Eine auf diese Weise entwickelte Vertrauenskultur ist weit davon entfernt, ein diffus-harmonisches Einerlei zu sein. Soll die Bildung einer Vertrauenskultur erfolgreich sein, ist nicht nur die strukturelle Entscheidung für neuere Arbeitsformen zentral. Die Konsequenzen aus dem Modell lauten, dass Zutrauens- und Vertrauensbeziehungen auf der Mikroebene nicht dem Zufall überlassen werden dürfen, sondern gezielt geplant und umgesetzt werden müssen.

Wenn ich meinem Gegenüber vertraue, heißt das nicht, dass ich seinen Handlungen gegenüber nicht mehr aufmerksam, sensibel und hellhörig bin. Die Beziehung zwischen Geführten und Vorgesetzten hört mit dem Vertrauen nicht auf, sondern fängt damit eigentlich erst an! Jemandem vertrauen, heißt nicht, ab diesem Zeitpunkt alles zu ignorieren, was sich ereignet, sondern, im Gegenteil, mehr denn je in Beziehung zu sein und auf die Ausgestaltung dieser Beziehung ein Augenmerk zu richten – im Sinne der sozialen Kontrolle.

Sich dafür zu entscheiden, jemandem zu vertrauen, ist nicht der Schlusspunkt. Vertrauen ist eine aufwendige Angelegenheit und weit davon entfernt, »kostenlos« zu sein. Der Satz: »Wo Vertrauen herrscht, spart man sich die Kontrollkosten«, stimmt nur zum Teil, denn anstelle einer bloßen Soll-Ist-Kontrolle, das heißt einer Sachkontrolle, muss soziales Kapital aufgebaut werden und soziale Kontrolle erfolgen. Diese aktive soziale Gestaltung der Beziehung ist keineswegs günstiger und schon gar nicht schneller.

Zum Abschluss

»Einem Souverän kann man nicht vertrauen«, sagt Niklas Luhmann (1989, S. 60). Man kann maximal darauf vertrauen, dass diese Person die Grenzen ihrer Souveränität genau beachten wird. Vertrauen ist ein soziales Beziehungsphänomen. In Beziehung treten heißt, sich aufeinander einzulassen und sich gegenseitig zu vertrauen. Demgegenüber ist ein Souverän jemand, dem man nicht vertrauen kann, weil er zu autonom ist. Er ist unabhängig, egozentrisch und in diesem Sinne sozial unzugänglich – warum sollte er sich auf jemand anderen ein- oder verlassen?

Der Ausgangspunkt dieses Buches und mein Schlüssel zum Vertrauen waren das Diktum von Georg Simmel, wonach der völlig Wissende nicht zu vertrauen braucht, und der völlig Unwissende vernünftigerweise nicht einmal vertrauen kann; und der Satz von Luhmann, dass Vertrautheit eine unvermeidbare Tatsache des Lebens und Vertrauen eine Lösung für spezifische Risikoprobleme ist. Vertrauen ist keine logische Schlussfolgerung, sondern eine freie und riskante Entscheidung zwischen Wissen und Nicht-Wissen. Vertrauen ist eine spezifische Möglichkeit, über ein In-Beziehung-Gehen Zukunft zu erschließen, ohne die Zukunft selbst zu determinieren. Vertrauen ist eine Beziehungskategorie, die ohne gegenseitige Verantwortung und den Glauben an die eigene Verlässlichkeit und die des Gegenübers nicht denkbar ist. Das macht es zu etwas Besonderem und zugleich zu einer anspruchsvollen Angelegenheit.

Literatur

Adorno, T. W. (1994): Minima Moralia (22. Aufl.). Frankfurt a. M.: Suhrkamp.

Berthold, J. (2008): Intimus. Derridas Philosophie der Freundschaft. In I. Tomkowiak, W. Egli (Hrsg.), Intimität (S. 185–200). Zürich: Chronos.

Bonhoeffer, D. (1996): Fragment eines Aufsatzes: Was heißt die Wahrheit sagen?: In: Dietrich Bonhoeffer Werke, Band 16: Konspiration und Haft 1940–1945 (S. 619–629), hrsg. v. Jørgen Glenthøj, Ulrich Kabitz und Wolf Krötke, München: Chr. Kaiser Verlag.

Bourdieu, P. (1983): Ökonomisches Kapital, kulturelles Kapital, soziales Kapital. In R. Kreckel (Hrsg.), Soziale Ungleichheiten (S. 183–198). Göttingen: Schwartz.

Coleman, J. S. (1991): Grundlagen der Sozialtheorie. Bd. 1, Handlungen und Handlungssysteme. München: Oldenbourg.

Dahrendorf, R. (2006): Homo Sociologicus. Ein Versuch zur Geschichte, Bedeutung und Kritik der Kategorie der sozialen Rolle. Wiesbaden: VS Verlag für Sozialwissenschaften.

Falk, A. (2003): Fairness und Intentionen. Wider das konsequentialistische Weltbild der Ökonomik. In M. Held, G. Kubon-Gilke, R. Sturn (Hrsg.), Normative und institutionelle Grundfragen der Ökonomik. Jahrbuch 2: Experimente in der Ökonomik (S. 69–85). Marburg: Metropolis.

Fehr, E., Fischbacher, U., Gächter, S. (2002): Strong Reciprocity, Human Cooperation, and the Enforcement of Social Norms. Human Nature 13, 1–25.

Frisch, M. (1973): Stiller. Frankfurt a. M.: Suhrkamp.

Geramanis, O. (2020): Mini-Handbuch Gruppendynamik (2. Aufl.). Weinheim/Basel: Beltz.

Geus, A. de (1998): Jenseits der Ökonomie. Die Verantwortung der Unternehmen. Stuttgart: Klett-Cotta.

Giddens, A. (1996): Leben in einer posttraditionalen Gesellschaft. In U. Beck, A. Giddens, L. Scott (Hrsg.), Reflexive Modernisierung. Eine Kontroverse (S. 113–194). Frankfurt a. M.: Suhrkamp.

Gothe, J. W. v. (1948): Gedenkausgabe der Werke, Briefe und Gespräche (Bd. 13). Zürich: Artemis.

Grimm, J. u. W. (1885): Deutsches Wörterbuch. Lfg. 15, Bd. VI.

Härtl-Meißner, S. (2020): Die tätige Reue im deutschen und österreichischen Strafrecht. Eine rechtsvergleichende Betrachtung und ein Ausblick auf Reformmöglichkeiten. Baden-Baden: Nomos; Zürich, St. Gallen: Dike.

Hellinger, B. (1995): Ordnungen der Liebe. Ein Kursbuch (2., überarb. und erg. Aufl.). Heidelberg: Carl Auer.

Jung, C. G. (1933): Der Individuationsprozeß in der analytischen Psychologie. In C. G. Jung, Gesammelte Werke 7, § 266, 404.

Lec, S. J. (1957): Unfrisierte Gedanken. München: Hanser.
Luhmann, N. (1972): Sinn als Grundbegriff der Soziologie. In J. Habermas Jürgen, N. Luhmann (Hrsg.), Theorie der Gesellschaft oder Sozialtechnologie – Was leistet die Systemforschung? (S. 25–100). Frankfurt a. M.: Suhrkamp.
Luhmann, N. (1982): Liebe als Passion. Zur Codierung von Intimität. Frankfurt a. M.: Suhrkamp.
Luhmann, N. (1989): Vertrauen. Ein Mechanismus der Reduktion sozialer Komplexität (3., durchges. Aufl.). Stuttgart: Enke.
Luhmann, N. (2000): Organisation und Entscheidung. Opladen/Wiesbaden: Westdeutscher Verlag.
Luhmann, N. (2001): Vertrautheit, Zuversicht, Vertrauen. Probleme und Alternativen. In M. Hartmann (Hrsg.), Vertrauen. Die Grundlage des sozialen Zusammenhalts (S. 143–160). Frankfurt a. M./New York: Campus.
Morgan, G. (1986): Images of Organization. Beverly Hills: Sage.
Phaedrus (2018): Phaedrus Fabeln. Lateinisch – deutsch. Unter Mitarbeit von Stephanie Seibold, herausgegeben und übersetzt von Niklas Holzberg. Berlin/Boston: De Gruyter.
Pastoors, S., Ebert, H. (2019): Psychologische Grundlagen zwischenmenschlicher Kooperation. Bedeutung von Vertrauen für langfristig erfolgreiche Zusammenarbeit. Wiesbaden: Springer Fachmedien.
Rilke, R. M. (1966): Die Aufzeichnungen des Malte Laurids Brigge (1910). In: Rilke, R. M.: Sämtliche Werke, Bd. 6., S. 707–946. Hg. von E. Zinn. Frankfurt a. M.: Insel Verlag.
Rousseau, J.-J. (1945): Emil oder Über die Erziehung. Leipzig: Reclam.
Schweer, M. K. W. (2003): Vertrauen als Organisationsprinzip. Vertrauensförderung im Spannungsfeld personalen und systemischen Vertrauens. Erwägen, Wissen, Ethik, 2 (14), 323–332.
Sennett, R. (2004): Verfall und Ende des öffentlichen Lebens. Die Tyrannei der Intimität. Frankfurt a. M.: Fischer.
Simmel, G. (1908): Soziologie. Untersuchungen über die Formen der Vergesellschaftung. Leipzig: Duncker & Humblot.
Simon, H. A. (1956): Rational choice and the structure of the environment. Psychological Review, 63 (2), 129–138.
Valéry, P. (1992): Cahiers/Hefte. Frankfurt a. M.: Fischer.
Weber, M. (1904/1988): Gesammelte Aufsätze zur Wissenschaftslehre (7. Aufl.). Tübingen: Mohr Siebeck.
Weltecke, D. (2003): Gab es »Vertrauen« im Mittelalter? Methodische Überlegungen. In U. Frevert (Hrsg.), Vertrauen. Historische Annäherungen (S. 67–89). Göttingen: Vandenhoeck & Ruprecht.
Willke, H. (1998): Systemisches Wissensmanagement: Stuttgart: UTB.